Matrici per Buchi neri

Preambolo

Due veicoli americani sono atterrati su Marte fino ad oggi.Un panorama cosmico attira la nostra attenzi-one; si guarda a oggetti molto più lontani nello spazio rispetto ai pianeti. Nelle pagine seguenti si dà lo sgu-ardo ai primi risultati di una ricerca scientifica.

Come punto di partenza ci sono le equazioni di Ein stein per la conservazione dell'energia .

Così si ottiene l'utile strumento di matrici per l'intor no dei Buchi Neri[=Black Holes](p.38).Con esse si rica vano in modo semplice(p.41)livelli di energia,cioè po-sizioni effettive di stelle, ed anche le particelle fonda-mentali(p.42). Per lettori che non conoscono la teoria di Einstein facciamo invece ricorso a variabili dinami - che ,matrici 4x4(p.16;p.141).

Nuove conoscenze e vantaggio si ottengono dall'intro duzione di una connessione antisimmetrica che sem - plifica la formula di Einstein.

Vittorio Morrone

Castel di Sasso-Cisterna(Caserta),agosto 2012.

1

Indice

Appendice

Cerchi misteriosi sui campi e disco volante

Appendice

Galassia[1]con equazioni di Einstein[2]

Come soluzione [da (**a**)]si trova

$$H^2 = \frac{k(\zeta+2)^2 \pm \sqrt{k^2(\zeta+2)^4 + 8k^2\zeta(\zeta+2)^2}}{4\zeta(\zeta+2)^2};$$

$\frac{1}{H}$ è la distanza dal centro della galassia.Sia

-w²+(2u-1)H=k;   w[(u-1)+2H]=k

$$\Rightarrow \frac{k^2}{[(u-1)+2H]^2} = (2u-1)H-k.$$ Finalmente con(u-1)/H=ζ,

$$\frac{k^2}{H^2(\zeta+2)^2} = [2(\zeta H+1)-1]H - k \;\cong\; 2\zeta H^2 - k \quad (\mathbf{a})$$

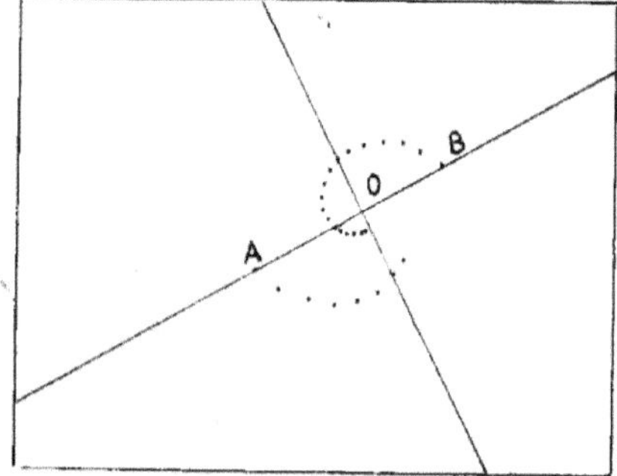

Fig.1- Galassia con due spirali (Le equazioni vengono confrontate con le spirali suggerite da Stephen W. Hawking-Dal Big Bang ai Buchi Neri-Biblioteca Univer sale Rizzoli-Milano 1996,p.53).

AO=21.08 mm.,OB=15.99 ;12.13=21.08 $e^{\lambda\frac{\pi}{2}} \Rightarrow$
λ= - 0.351823456 se π=3.1415927 , e

$e^{|\lambda|\frac{2\pi}{24}}$ =**1.096482322**

Quindi

$$H^2 = \frac{1}{4\zeta}\left\{k \pm \left[k^2 + \frac{8k^2\zeta}{(\zeta+2)^2}\right]^{1/2}\right\} =$$

$$= \frac{k}{4\zeta}\left\{1 \pm \left[1 + \frac{8\zeta}{(\zeta+2)^2}\right]^{1/2}\right\} \sim \frac{1\pm\frac{2\sqrt{2\zeta}}{\zeta+2}}{\zeta}$$

formula che fornisce le due spirali della tabella segu<u>ente</u> :

$\zeta+2$	ζ	$\dfrac{1}{H} = \sqrt{\dfrac{\zeta(\zeta+2)}{(\zeta+2)+2\sqrt{2\zeta}}}$	$\dfrac{1}{H} = \sqrt{\dfrac{\zeta}{1-\dfrac{2\sqrt{2\zeta}}{(\zeta+2)}}}$
12	10	2.39	6.26
24	22	3.76	7.01
48	46	5.73	8.75
96	94	<u>8.55</u>	11.47
192	190	12.56	15.44
384	382	18.22	<u>21.06</u>

Con $\quad 21.08\left(e^{\frac{\lambda n 2\pi}{24}}\right)$ (Fig.1) si ha:

n 0   1   1.5   2   3   3.5   4   5
 21.08 19.22 18.35 17.53 15.99 15.27 14.58 13.30
n 5.5   6   6.5   7   8   9   9.5   10
 12.70 12.13 11.58 11.06 10.08 9.20 8.78 8.39
n 11   12   13   13.5   14   14.5   15   16
  7.65 6.97   6.36 6.07   5.80 5.44   5.29 4.82
n 17   18   19   20   21   22   23   23.5
  4.40 4.01   3.66 3.34   3.04 2.7   2.53 2.42

Si noti che $e^{\lambda\frac{2\pi}{24}}$=**1.096482322** (p.6) .

Una famiglia[3] di spirali(Fig. 25,p.71)si ottiene con[4]

$$\begin{vmatrix} x \\ y \end{vmatrix} = e^{-t}\begin{vmatrix} cost & sint \\ -sint & cost \end{vmatrix}\begin{vmatrix} x_0 \\ y_0 \end{vmatrix} \Rightarrow$$

$$x = e^{-t}(x_0 cost + y_0 sint) \quad ,$$
$$y = e^{-t}(y_0 cost - x_0 sint);$$

$$se \quad x_0 = Mcos\delta, y_0 = Msin\delta,$$

$$\begin{cases} x = \varrho cos\vartheta = Me^{-t}cos(\beta t - \delta) \\ y = \varrho sin\vartheta = Me^{-t}sin(\beta t - \delta) \end{cases}$$

$$\Rightarrow t = \frac{\vartheta+\delta}{\beta} , \varrho = M\left(e^{-\frac{\delta}{\beta}}e^{-\frac{\vartheta}{\beta}}\right) = M_1 e^{-\frac{\vartheta}{\beta}} \quad .$$

Applicazione del risultato di Einstein

Mediante il cambiamento* di scala dato da $\dfrac{21.08}{8.6} = \dfrac{10.9mm}{4.4468mm}$, in Fig.2(p.10) cerchiamo di trovare il minimo misurato che è 1.59 mm.   Usando la formula $\varrho = mm\ 10.9e^{-n0.08}$,lo troviamo con n=24 :

n	4	6	8	13	15	17	24
ϱ	7.91	6.74	5.74	3.85	3.28	2.97	1.59

Mediante $\varrho=4.4468e^{0.075}$ si ha :

n	6	9	13	15	17	22	28
ϱ	6.5	8.73	11.78	13.69	15.91	23.1	36.3

n	32	39	43.76	44
ϱ	49.0	82.5	118.3	120.5

Questi dati forniscono due spirali, entrambe a sinistra in fig.2,con un unico polo in comune .

*8.6 e 21.08 sono parametri del dominio invariante suggerito da Einstein.

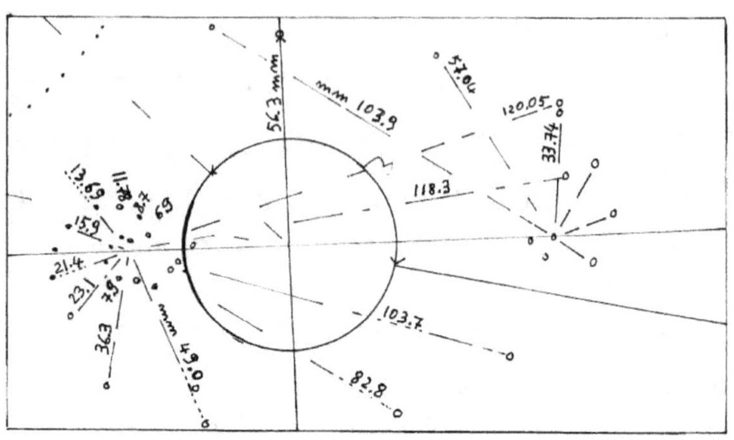

Fig.2.Luogo[5] con la nebulosa Trifida(nella nostra gala_
sia).

Con la proporzione $\dfrac{1.59}{4.4468}=\dfrac{5.7}{15.94135845}$ricaviamo i pun_
ti (=stelle)della spirale $\varrho = 15.94 \ldots e^{n0.075}$ a destra
in Fig.2 :

ϱ 17.18mm 23.119 33.74 57.04 103.9
n 1   5   10   17   25

Notare: ad n=-3 ,ϱ=12.7 ; se n=14 ,ϱ=45.5   .

Spostamenti interstellari

Se con $y = 35.7\,e^{-x}$ s'impone il passaggio per il punto di coordinate y=14mm., si ricava $x=\ln\dfrac{35.7}{14}=$ 0.936; invece la coordinata misurata è x=6.5 mm. Allora occorre il fattore di trasformazione $\dfrac{0.936}{6.5}$.

Ad esempio nella tabella che segue $0.432=3\left(\dfrac{0.936}{6.5}\right)$.

(Misure dirette)	Da usare in formula	(Misure dir.)
x	$\propto$ x	y
2	$2\left(\dfrac{0.936}{6.5}\right)=0.288$	$26.7=35.7\,e^{-0.288}$
3	$3\left(\dfrac{0.936}{6.5}\right)=0.432$	23.2
5	0.72	17.3

Analogamente,con $y=56.3e^{-x}$

$$2 \quad \left|2\left(\dfrac{1.168}{24.2}\right) = 0.0965\right| y = 51.1 = 65.3e^{0.0965}$$

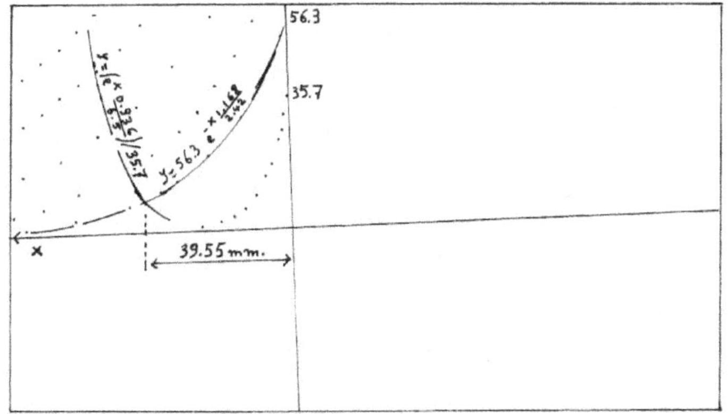

Fig.3-Tra le stelle. Dettagli del 2°quadrante della fig.2.

Per trovare[6] una traiettoria ortogonale a $y=ae^{-x} = 0 = \Phi(x, y, a)$ occorre scrivere $\dfrac{\partial\Phi}{\partial x}+\dfrac{\partial\Phi}{\partial y}\left(-\dfrac{1}{\frac{dy}{dx}}\right) = 0.$

Quindi

$$ae^{-x} - \frac{1}{\frac{dy}{dx}} = 0 \;\Rightarrow\; y = \frac{e^x}{a}\,;\, x = \ln ay \ .$$

Come punto d'intersezione di $y=56.3e^{-x}$ con $y = \dfrac{e^x}{37.5}$

si ha la soluzione di $\;56.3e^{-x\frac{1.168}{24.2}} = \dfrac{e^{\frac{x0.936}{6.5}}}{35.7} \;\Rightarrow\;$

x=**39.55** mm=misura diretta(p.11).

Stelle concatenate vicino ad un buco Nero

In matematica, il toro è una comune ciambella di equ
azioni[7]

$$y=(a+b\cos\vartheta)\sin\varphi \qquad x=(a+b\cos\vartheta)\cos\varphi \qquad z=b\sin\vartheta \; ;$$

a e b sono i raggi dei cerchi ottenuti con sezioni .

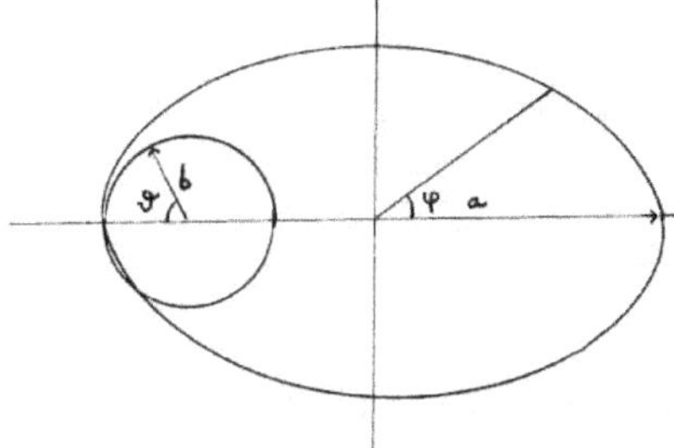

Fig.4-Due sezioni circolari.Parametri del toro.

 Cicli di connessione si hanno usando le derivate[8] delle equazioni scritte.Se $\varphi = n\vartheta$ e z=0,

$$\dot{y}=(a+b\cos\vartheta)n \cos(n\vartheta) - b\sin\vartheta\sin(n\vartheta)$$

$$\dot{x}= - (a+b\cos \vartheta)n \sin(n\vartheta)-b \sin\vartheta\cos(n\vartheta) \qquad ,$$

$$\frac{y}{x} = \tan(n\vartheta) \; . \qquad\qquad (p.14)$$

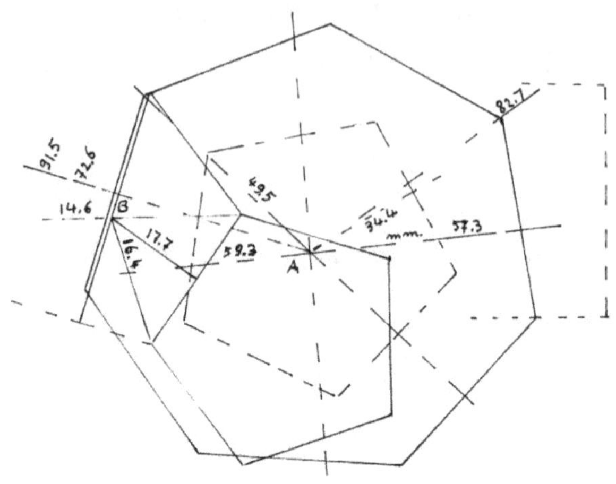

Fig.5- Vicino[9] ad un Buco Nero (A).

Con $\tan\frac{\alpha}{2} = -1$, si trova un gruppo di stelle ad una
certa distanza da A. Infatti $\qquad \alpha = -90 \pm k360$.
$-90 + 40(360) = 14490 \Rightarrow \equiv 14.49$ mm(Fig.5)
Tabella: 14490+n(360)

 14490 14850 15210 15570 15930 16290 16650
 17010 17370 17730 18090 18450 18810 19170
 19530 19890 20250 20610 20970 21330 21690
 22050 22410 22770 23130 23490 23850 24210
 24570 24930 25290 25650 26010 26370 26730
 27090 27450 27810 28170 28530 28890 29250

A p.66 gli altri livelli .

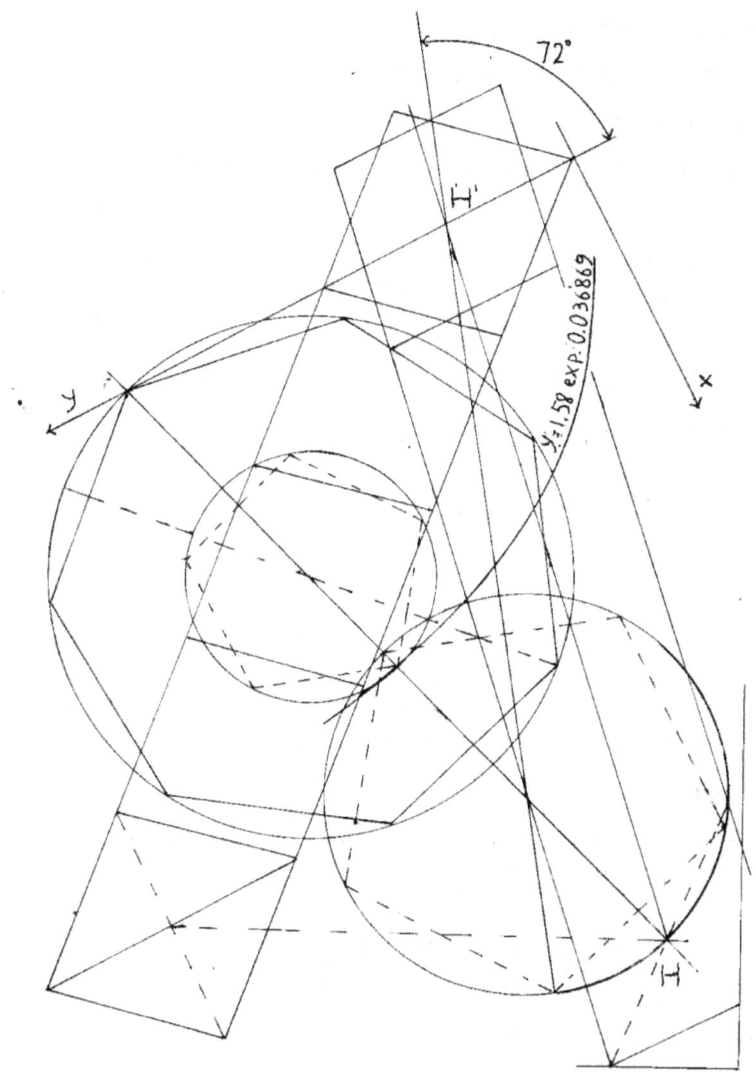

Fig.6- $H \rightarrow H'$ in cui[10] H = Black Hole . Uragano Katrina:
$\frac{8.5mm}{2.5mm}$=3.4= e^{w} $\Rightarrow w \cong$ 0.037(33.07)[Le Scienze -Milano – Italy-
Ottobre 2005,p.35;traduzione di "Scientific American"].

Formulazione teorica

Mentre,in fig. 6, 0.036869531 è derivato da misure dirette,la comprensione si ottiene mediante la varia - bile dinamica Y seguente.Questa matrice(p.141)

$$Y=\begin{bmatrix} 0 & -1 & 0 & 0 \\ 1 & 0 & 0 & 0 \\ 0 & 0 & 0 & -1 \\ 0 & 0 & 1 & 0 \end{bmatrix} \quad e \quad \begin{bmatrix} 0 & 0 & A_1 & A_2 \\ 0 & 0 & -A_2 & A_1 \\ B_1 & B_2 & 0 & 0 \\ B_3 & B_4 & 0 & 0 \end{bmatrix}$$

commutano se $B_3 = -B_2$ e $B_4 = B_1$. Notare Y^4=1 .
Per gli autovalori λ,si ha

$$\begin{bmatrix} -\lambda & 0 & A_1 & A_2 \\ 0 & -\lambda & -A_2 & A_1 \\ B_1 & -B_3 & -\lambda & 0 \\ B_3 & B_1 & 0 & -\lambda \end{bmatrix} =0 \quad \text{da cui}$$

$$\lambda^4 - 2\lambda^2(A_1 B_1 - A_2 B_2) + (A_1^2 + A_2^2)(B_1^2 + B_2^2) = 0$$

Si semplifica se $B_1 = A_1 e\ B_2 = A_2$ .Così la soluzione diventa

$$\lambda^2 = (A_1^2 - A_2^2) \pm 2iA_1 A_2 = \varrho e^{\pm i\varphi} \quad \text{in cui}$$

$$\varrho=\sqrt{(A_1^2 - A_2^2) + 4A_1^2 A_2^2} = A_1^2 + A_2^2; \ tan\varphi = \frac{2A_1 A_2}{A_1^2 - A_2^2} = -1$$

a causa della connessione trovata in precedenza - (p.13;p.14) . Ricaviamo da questa uguaglianza

$$A_1 = A_2 (-1 - \sqrt{2});$$

$$\varrho=A_1^2(4 +2\sqrt{2}), \qquad \lambda=\pm A_2\sqrt{4 + 2\sqrt{2}}\ e^{\pm i22°.5} ,$$

Traccia=$\sqrt{4+2\sqrt{2}}$ (2cos22°.5)=T=3.69551813.
Nella tabella con multipli di T otteniamo gli stessi va -
lori ricavabili con la teoria di Einstein:

Tabella:livelli ricavati mediante la variabile dinamica Y
(Fig.17,p.34).
91T=**33**6.29   1847.5T=**68**27.46 2687.75T=**99**32.6
1238.75T=**45**77.8 1884T=**69**62.3   2736.5T=**101**12.7
1299.5T=**48**02.3 1957.25T=**72**33.0 3138.5T=**115**98.3
1360.5T=**50**27.7 2042.5T=**75.480** 3515.75T=**129**92
1397T=**51**62.6   2127.75T=**78**63   4307.5T=**159**18.4
1652.25T=**61**05.9 2164.25T=**79**98   4684.75T=**173**.12
1762.5T=**65**13.3 2261T=**83**55.5   5452T=**201**47.96
1786.7T=**66**02.96 2286T=**84**47.95   5476.25T=**202**37
71.75T=**265**.15($\equiv$Andromeda,p.36) 5683.25T=**210**02

Le misure si possono ricavare con
     d=distanza= mm59.31306599 $e^{\pm k 0.0368}$

[essendo 16.05T=59.31306599].Ingrandimento:
d_1=99.6459$e^{\pm k 0.0368}$, ove 16.05T(1.68)=99.64595086
per distanze dal centro di Andromeda a p.273 in -
SPAZIO-Hobby & Work-Publishing-Milano-n.23(2013).

Espressioni di spin

L'altra variabile dinamica

$$I_3 = \begin{bmatrix} 0 & 0 & -x & 0 \\ 0 & 0 & 0 & x \\ x & 0 & 0 & 0 \\ 0 & -x & 0 & 0 \end{bmatrix} \quad \text{ed} \quad F = \begin{bmatrix} 0 & 0 & ia & 0 \\ 0 & 0 & 0 & ia \\ -ia & 0 & 0 & 0 \\ 0 & -ia & 0 & 0 \end{bmatrix}$$

commutano;Quindi si può usare F invece di I_3 e gli autovalori λ del prodotto[11] di F con

$$\begin{bmatrix} e^{i\vartheta} & 0 & 0 & 0 \\ 0 & e^{-i\vartheta} & 0 & 0 \\ 0 & 0 & e^{-i\varphi} & 0 \\ 0 & 0 & 0 & e^{i\varphi} \end{bmatrix} \quad \text{dati da}$$

$$0 = \begin{bmatrix} -\lambda & 0 & iae^{-i\varphi} & 0 \\ 0 & -\lambda & 0 & iae^{i\varphi} \\ -iae^{i\vartheta} & 0 & -\lambda & 0 \\ 0 & -iae^{-i\vartheta} & 0 & -\lambda \end{bmatrix} \quad \text{sono tali che}$$

$$\lambda^4 - a^2\lambda^2\left[e^{i(\varphi-\vartheta)} + e^{-i(\varphi-\theta)}\right] + a^4 = 0$$

$$\Rightarrow \lambda^2 = a^2 e^{\pm i(\varphi-\vartheta)} \; ;$$

$$T = Traccia = 2a\cos\frac{\varphi-\vartheta}{2} = \text{k=costante}[12]. \text{ Posto}$$

$$\varphi = -\vartheta, \qquad \cos\vartheta = \frac{k}{2a} = \frac{2}{7.7} \quad \text{(p.109)}$$

$$\Rightarrow \vartheta = 74.94534936 + h\,360;$$

$\vartheta + 22(360) = 7994.945$ e siamo condotti[13] a scrivere

$$d = \text{distanza} = 79.9494e^{\pm b0.011096} \text{ mm}.$$

Eptagono con sella al suo centro

Se in un fotogramma del cielo stellato si riscontra la figura di un eptagono avente associato un angolo di 45° ad uno dei raggi che collegano i suoi vertici al centro, tale centro è con molta probabilità un punto di sella, e passiamo a dimostrarlo.

E' sempre possibile avere commutazione tra le matrici cicliche con $\alpha = 360°/7$ e $\beta = 360°/8$. Infatti

$$A = \begin{vmatrix} e^{i\alpha} & \lambda_1 \\ 0 & e^{-i\alpha} \end{vmatrix} \begin{vmatrix} e^{-i\beta} & -\lambda_2 \\ 0 & e^{i\beta} \end{vmatrix} =$$

$$\begin{vmatrix} e^{i(\alpha-\beta)} & (-\lambda_2 e^{i\alpha} + \lambda_1 e^{i\beta}) \\ 0 & e^{-i(\alpha-\beta)} \end{vmatrix}$$

$$\begin{vmatrix} e^{-i\beta} & -\lambda_2 \\ 0 & e^{i\beta} \end{vmatrix} \begin{vmatrix} e^{i\alpha} & \lambda_1 \\ 0 & e^{-i\alpha} \end{vmatrix}$$

$$= \begin{vmatrix} e^{i(\alpha-\beta)} & \lambda_1 e^{-i\beta} - \lambda_2 e^{-i\alpha} \\ 0 & e^{-i(\alpha-\beta)} \end{vmatrix}$$

Perché ci sia commutazione deve essere

$$-\lambda_2 e^{i\alpha} + \lambda_1 e^{i\beta} = \lambda_1 e^{-i\beta} - \lambda_2 e^{-i\alpha}; \qquad \lambda_2 = \lambda_1 \frac{\sin\beta}{\sin\alpha}$$

La ciclicità si riconosce[14] osservando che il quadrato della matrice $\begin{vmatrix} e^{i\alpha} & \lambda_1 \\ 0 & e^{-i\alpha} \end{vmatrix}$ è

$$\begin{vmatrix} e^{2i\alpha} & \lambda_1(e^{i\alpha} + e^{-i\alpha}) \\ 0 & e^{-2i\alpha} \end{vmatrix} = \begin{vmatrix} e^{2i\alpha} & \lambda_1 \dfrac{e^{2i\alpha} - e^{-2i\alpha}}{e^{i\alpha} - e^{-i\alpha}} \\ 0 & e^{-2i\alpha} \end{vmatrix}$$

La traccia della matrice prodotto è

2cos(α-β)=2cos(360°/56)=1.98742442.Data poi la seguente seconda commutazione $\begin{vmatrix} e^{i\alpha} & \lambda_1 \\ 0 & e^{-i\alpha} \end{vmatrix}\begin{vmatrix} n & m \\ 0 & s \end{vmatrix}$

$= \begin{vmatrix} ne^{i\alpha} & me^{i\alpha}+\lambda_1 s \\ 0 & se^{-i\alpha} \end{vmatrix}$

$\begin{vmatrix} n & m \\ 0 & s \end{vmatrix}\begin{vmatrix} e^{i\alpha} & \lambda_1 \\ 0 & e^{-i\alpha} \end{vmatrix} = \begin{vmatrix} ne^{i\alpha} & n\lambda_1+me^{-i\alpha} \\ 0 & se^{-i\alpha} \end{vmatrix}$

con $me^{i\alpha}+\lambda_1 s = n\lambda_1+me^{-i\alpha}$; m=$\dfrac{\lambda_1(n-s)}{2isin\,a}$

Poniamo n=1, s= -2, $\lambda_1 = i\lambda_2$;cos45°=sin45°=$\dfrac{\sqrt{2}}{2}$.

Allora il prodotto $\dfrac{\sqrt{2}}{2}$ $\begin{vmatrix} 1 & \frac{3\lambda_2}{2sin\alpha} \\ 0 & -2 \end{vmatrix}\begin{vmatrix} 1 & -1 \\ 1 & 1 \end{vmatrix}=$

$= \dfrac{\sqrt{2}}{2} \begin{vmatrix} 1+\frac{3\lambda_2}{2sin\alpha} & -1+\frac{3\lambda_2}{2sin\alpha} \\ -2 & -2 \end{vmatrix}=$B

che rimpiazza il prodotto precedente (A) (p.19), ha i due autovalori w reali richiesti per un punto di sella[15] tali che

$\begin{vmatrix} 1+\frac{3\lambda_2}{2sin\alpha}-w & -1+\frac{3A_2}{2sin\alpha} \\ -2 & -(2+w) \end{vmatrix}=0$ e quindi

$w^2 - w\left(-1+\dfrac{3\lambda_2}{2\sin a}\right) - 4 = 0$. La sella[15] si ottiene con λ_2 negativo.Poiché $\dfrac{3}{2sin\frac{360°}{7}} = 1.91857012$, $\lambda_{2=}-1$,

$w_1 = -3.935071869,\ w_2 = +1.016499859$, la traccia della matrice prodotto (B)è

$$T=\dfrac{\sqrt{2}}{2}(1+\dfrac{3\lambda_2}{2\sin a} - 2)=-3.47755623.$$

Esempio: Punti sul diametro di Andromeda(in Scien
tific american Nov.1990,p.29) sono:

23T=79.99≡**8mm** dal centro di essa. 37.5T=130.42≅
13 mm;46T=159.98≅**16** mm ;62.25T=216.50≅ ±**21.6**;
63.25T=219.98≅**22** ;80.75T=280.49≅**28** ; 98T=340.41
≅**34**; 108.75T = 378.22 ≅ **37.8** ; 115T = 399.96 ≅ **40**;
124.25T = 432.13 ≅**43.2** ; 132.25T = 459.95 ≅ **46** mm.
Sequenza delle misure dirette a p.94 e p.70.

Punto di sella in un ammasso di galassie

Nel fotogramma della rivista Scientific American, Au-
gust 1991,p.32 individuiamo la direzione della discesa
più ripida dal punto di sella O.Tale direzione è AB per
pendicolare ad HK.Dalla distanza in mm.di due galassie dal centro dell'eptagono(fig.7,p.22)ricaviamo il
rapporto $\dfrac{OB_1}{OA_1}=\dfrac{49.7\ mm}{61.2\ mm}=\lambda=$**0.81209**

$y = a_1 b_1 mm.$ =distanze dal punto di sella(formula a
p.65);$b_1 = e^{(w+1)\ln(2w)}$.

w	$1/\sqrt{w}$	$a_1 = \dfrac{e^{\lambda w}}{\sqrt{w}}$	$b_1 = (2w)^{w+1}$	y	$\sqrt{y}$
1.15	0.932	2.371	5.99	14.21mm	3.77
1.36	0.857	2.584	10.60	27.40	5.23
1.44	0.833	2.716	13.21	35.87	5.99
1.48	0.822	2.734	14.75	40.237	6.35
1.63	0.783	2.94	22.37	65.7	8.10
1.65	0.778	2.971	23.66	70.30	8.38

$$\dot{y} = \frac{d}{dw}\sqrt{2}\,(2w)^{w+\frac{1}{2}} = \sqrt{2}\,\frac{d}{dw}\left[e^{\left(w+\frac{1}{2}\right)\ln 2w}\,e^{\lambda w}\right] =$$

$$= y\left(\ln 2w + \frac{1}{2w} + \lambda + 1\right)$$

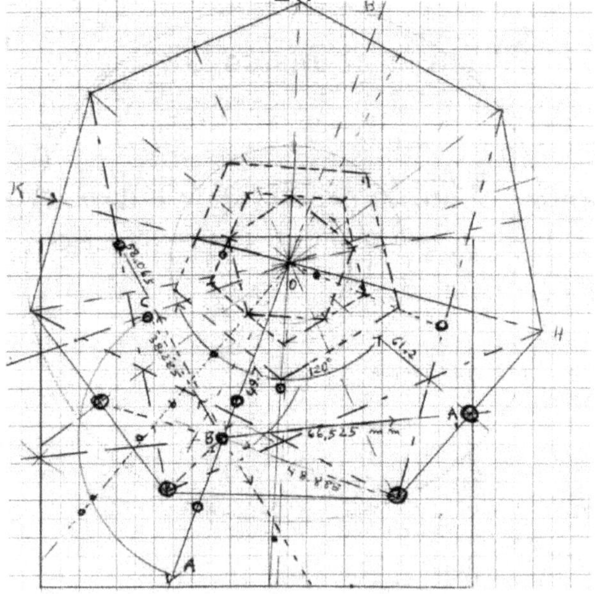

Fig.7.Punto di sella.

$$\dot{y}_{1.15}=14.21[\ln 2(1.15) + \frac{1}{2(1.15)} + 1.81209] =$$

$$43.76369838$$

$$\dot{y}_{1.36} = 87.14210892; \dot{y}_{1.44} = 115.3974673$$

$$\dot{y}_{1.63} = 216.8471639; \dot{y}_{1.65} = 232.6257068$$

$$(\dot{y}_{1.65} - \dot{y}_{1.63})/(1.65 - 1.63) =$$

$$\mathbf{788}.927145 \sim accelerazione=a$$

$$y = \frac{1}{2}aw^2 \Rightarrow \sqrt{a} = \sqrt{2}(\frac{\sqrt{y}}{w})=\sqrt{2}\, tan\alpha$$

$$\sqrt{a} = \sqrt{2}\,\frac{8.38-8.1}{1.65-1.63}=19.79898987 \Rightarrow a=392$$

$$788.927145/392 \cong \mathbf{2.01}$$

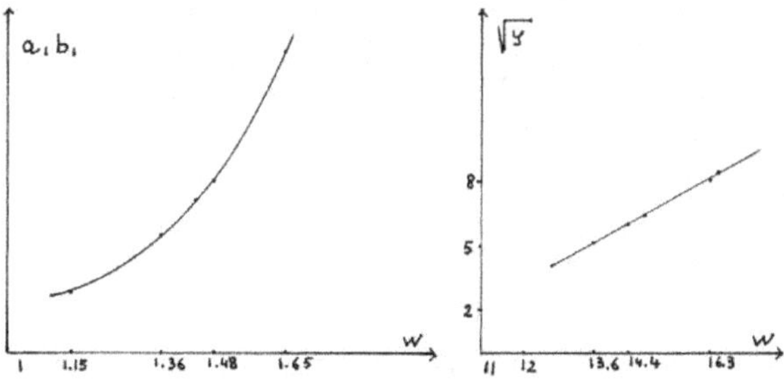

Fig.8-Caratteristica della sella. A destra $y = \frac{1}{2}a\,w^2$.

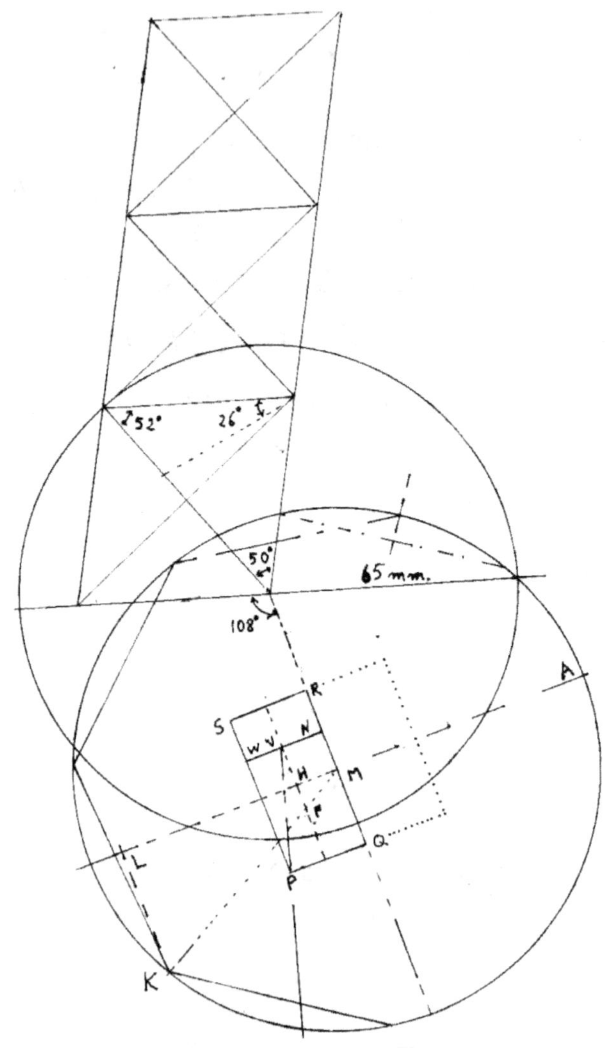

Fig.9-Tradizione del tempio.VM=11$\sqrt{2}$,FMcos29°.45= 11mm.; $\frac{FM}{VM} \cong$ 0.8120 (p.21). RSPQ= Santuario di Ezechiele. WN=mediana del tempio di Salomone. $W\widehat{V}P$ =72° .

Dodecaedro[16] rombico

Tracciando dall'origine O(fig.10) i vettori

$$\vec{v}_1 = \frac{1}{2}l(-\vec{\imath}+\vec{\jmath}+\vec{k}); \qquad \vec{v}_2 = \frac{1}{2}l(\vec{\imath}-\vec{\jmath}+\vec{k}) \quad ; \vec{v}_3 = \frac{1}{2}l(\vec{\imath}+\vec{\jmath}-\vec{k})$$

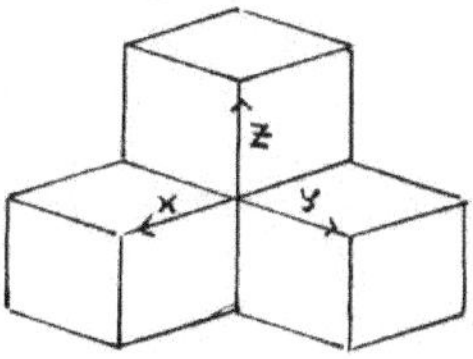

Fig.10- $\vec{\imath},\vec{\jmath},\vec{k}$ sono vettori di modulo1,ed l è la dis_-
tanza di due vertici adiacenti di ciascun cubo.
I nuovi vettori

$$\frac{\vec{w}_1}{2\pi} = \frac{\vec{v}_2 x \vec{v}_3}{\vec{v}_1 \cdot (\vec{v}_2 x \vec{v}_3)}; \frac{\vec{w}_2}{2\pi} = \frac{\vec{v}_3 x \vec{v}_1}{\vec{v}_1 \cdot (\vec{v}_2 x \vec{v}_3)};$$
$$\frac{\vec{w}_3}{2\pi} = \frac{\vec{v}_1 x \vec{v}_2}{\vec{v}_1 \cdot (\vec{v}_2 x \vec{v}_3)}$$

soddisfano le relazioni $\vec{w}_i \cdot \vec{v}_j = 2\delta_{ij}$ ($\delta_{ij} = 1$ se i=j; in
caso contrario vale zero).Ciò significa che i vettori $\vec{w}_i$
sono paralleli ai vettori $\vec{v}_j$. Nel dodecaedro rombico
limitato da rombi, i vettori dall'origine O ad un rombo
periferico hanno le seguenti espressioni:

$$\frac{1}{2}\vec{w}_1 = \frac{\pi}{l}(\pm\vec{\jmath}\pm\vec{k}) ; \qquad \frac{1}{2}\vec{w}_2 = \frac{\pi}{l}(\pm\vec{\imath}\pm\vec{k}); \frac{1}{2}\vec{w}_3 = \frac{\pi}{l}(\pm\vec{\imath}\pm\vec{\jmath}). \text{Poiché}$$

$$\vec{v}_2 \, x \, \vec{v}_3 = \frac{l^2}{4} \, (\vec{\imath} - \vec{\jmath} + \vec{k}) x (\vec{\imath} + \vec{\jmath} - \vec{k}) =$$

$$= \frac{l^2}{4} (\vec{\imath} \, x \, \vec{\jmath} - \vec{\imath} \, x \, \vec{k} - \vec{\jmath} \, x \, \vec{\imath} + \vec{\jmath} \, x \, \vec{k} + \vec{k} \, x \, \vec{\imath} + \vec{k} \, x \, \vec{\jmath}) =$$

$$= \frac{l^2}{4} [2(\vec{\imath} \, x \, \vec{\jmath} + \vec{k} \, x \, \vec{\imath}) = \frac{l^2}{4} \vec{k} \, x \, \vec{\jmath} \quad e$$

$$\vec{v}_1 \cdot (\vec{v}_2 \, x \, \vec{v}_3) = \frac{l^3}{4} (-\vec{\imath} + \vec{\jmath} + \vec{k}) \cdot (\vec{k} + \vec{\jmath}) =$$

$$= \frac{l^3}{4} (k^2 + j^2) = \frac{l^3}{2} \; . \; \text{A p.27 usiamo} \quad \frac{\vec{w}_1}{2} = \frac{\pi}{l} (\vec{\jmath} + \vec{k})$$

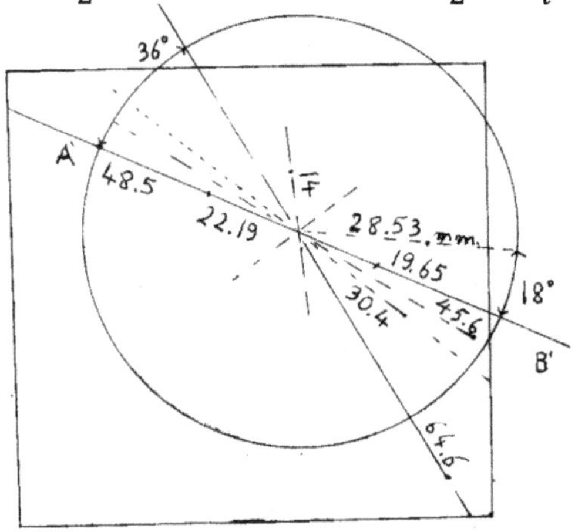

Fig.11-Centri di forza[18] individuabili a 12 miliardi di an
ni luce .   30.4/22.19 ≅1.36998 .

C'è una caratteristica per Buchi Neri?(p.34)

Per la fig.11,dove nei cerchi è contenuta un'enorme -
massa di gas e polveri, a circa 12 miliardi di anni luce
(secondo il quotidiano " IL MATTINO"del 7 gennaio -
2001,p.12)notando la mutua distanza di alcune stelle
supponiamo che si possa considerare anche l'eventu
ale esistenza di un cubo basandoci sui risultati di Fe -
dorov[18] circa i cinque paralleloedri di uno spazio a tre
dimensioni. Tra tali oggetti il dodecaedro rombico di -
pende da un set di cubi adiacenti (fig.10). Per questo
motivo siamo condotti ad usare il parametro(p.26)

$$\frac{1}{2}|w_1| = \frac{\pi}{l}\sqrt{2} \ con \ l = 14\text{mm}.$$

Questa congettura ha un certo peso; infatti multipli
di $\frac{3.14(1.414)}{14}$ = 0.31714 coincidono con i principali livel
li(=posizioni di stelle in grassetto a p.28)nel fotogram-
ma.La massa gassosa è solo quell'aggregato dal quale
si potrebbe originare una galassia.

Tabella: 12.68560+n 0.63428), 0.63428 =2(0.31714); **0.31714(40)=12.68560** .

12.68560	24.10264	34.88540	45.03388	55.81664
13.31988	24.73692	35.51968	**45.6**6816	56.45092
13.95416	25.37120	36.15396	46.30244	57.08520
14.58844	26.00548	36.15396	46.93672	57.71948
15.22272	26.63976	36.78824	47.57100	58.35376
15.85700	27.27404	37.42252	48.20528	58.98804
16.49128	27.90832	38.05680	48.83956	59.62232
17.75984	**28.5**4260	38.69108	49.47384	60.25660
18.39412	29.17688	39.32536	50.10812	60.89088
19.02840	29.81116	39.95964	50.74240	61.52516
19.66268	**30.4**4544	40.59392	51.37668	62.15944
20.29696	31.07972	41.22820	52.01096	62.79372
20.93124	31.71400	41.86248	52.64524	63.42800
21.56552	32.34828	42.49676	53.27952	64.06228
22.19980	32.98256	43.13104	53.91380	**64.6**9656
22.83408	33.61684	43.76532	54.54808	
23.46836	34.25112	44.39960	55.18236	

$$\frac{48.20528+48.83956}{2}=\mathbf{48.5}2242$$

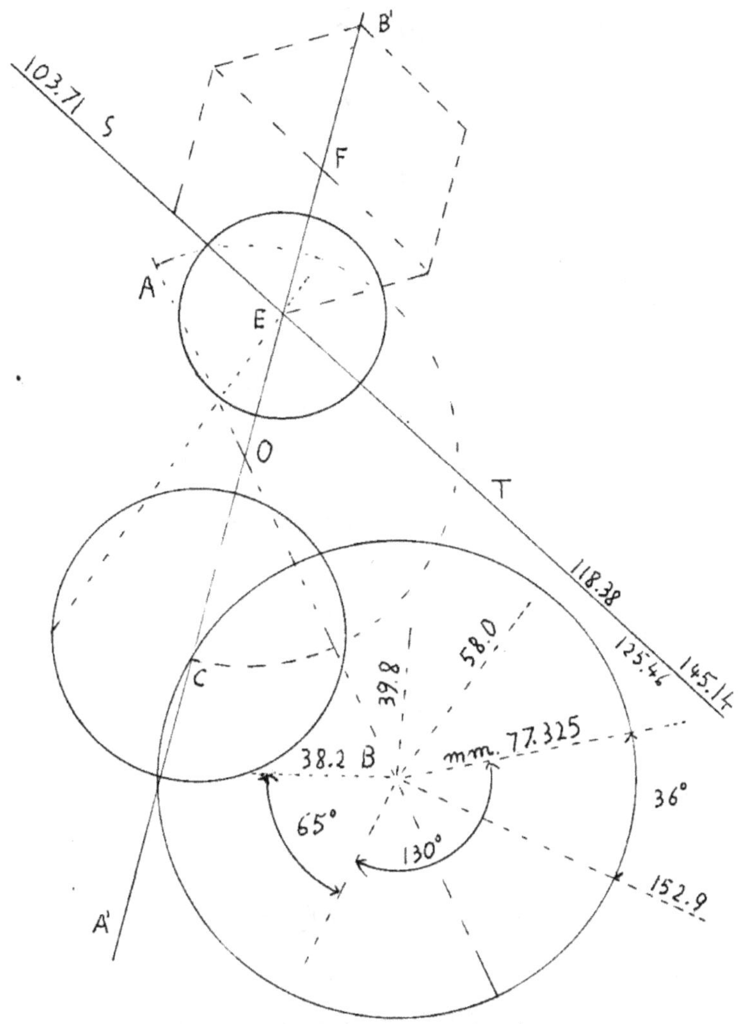

Fig.12-C e F a estremi della galassia considerata[19] .Ad E si ha un punto di sella; probabimente B è un Buco Nero($\sim B_1$ a p.22). OB= 95mm,OA= 56;d=$77.32e^{-n0.0368}$ in cui $\Delta n =$ 0.0625 . $\frac{FO}{CO}$=78mm/56mm$\cong$1.392 (p.26) .

a)Punti di discesa più ripida lungo ST(p.29)(λ=**0.0368**).

$$y = (2w)^{w+1}\frac{e^{\lambda w}}{\sqrt{w}} \; ;$$

w	$a_1=\dfrac{e^{\lambda w}}{\sqrt{w}}$	$b_1=e^{(w+1)ln2w}$	$y=a_1 b_1 (mm.)$	$\sqrt{y}$
141.8	15.4886	6.92	103.66	10.18
145. 616	17.60498	6.72373	118.371	10.879
147.3	18.6220	6.737	125.4597	11. 20
151.5	21.43129	6.770	145.09	12.04
155.09	24.1787	6.797	16.435	12.81

$$\dot{y} = \frac{dy}{dw} = y(\ln 2w + \frac{1}{2w} + 1 + \lambda)$$

$\dot{y}_{145.616}$=794.7847841 , $\dot{y}_{141.8}$=693.2667695

$$\frac{\dot{y}_{145.616}-\dot{y}_{141.8}}{145.616-141.8}=\frac{101.5195589}{3.816}=26.6036579\sim\text{accelerazione}$$

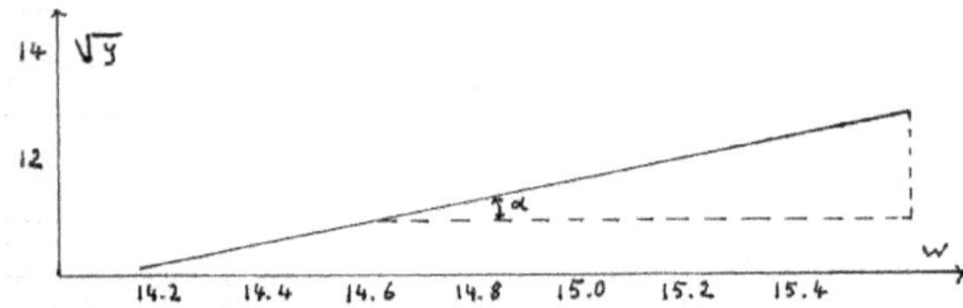

Fig.13-Punti di discesa più ripida lungo ST .

$\sqrt{a}=\sqrt{2}\dfrac{\sqrt{y}}{w}=\sqrt{2}\tan\alpha=$

$=\sqrt{2}\,\dfrac{10.879-10.18}{145.616-141.8}=\sqrt{2}\,\dfrac{0.699}{3.816}\cong0.25905125 \; ;$

a=0.067106967

0.067106967/26.6036579$\cong$ 0.0025

b)Punti di discesa più ripida lungo ST con λ = **0.81209**

Fig.12. y=$a_1 b_1$=misure dirette

w	$\frac{1}{\sqrt{w}}$	$b_1 = e^{(w+1)ln2w}$	$y\,(mm.)$	$\sqrt{y}$
1.866	0.732	43.569	145.14	12.04
1.823	0.7406	.38.548	125.46	11.20
1.8058	0.7441	36.710	118.38	10.88
1.7665	0.7523	32.842	103.71	10.18
1.9025	0.725	48.359	164.35	12.82

$$\dot{y}=\frac{dy}{dw} = y\left(\ln 2w + \frac{1}{2w} + \lambda + 1\right); \quad \dot{y}_{1.9025}=560.6336914$$

$$\dot{y}_{1.8059}=399.3154528 \; ;(\dot{y}_{1.9025} - \dot{y}_{1.8058})/\Delta=$$

$$\mathbf{1669}.961063\sim\text{accelerazione,}$$

$$\text{se } \Delta=1.9025\text{-}1.8058 \; . \; \sqrt{a} = \sqrt{2}\frac{12.82-10.88}{1.9025-1.8059} = \sqrt{2}\frac{\sqrt{y}}{w} =$$

$$28.40139038 \; ; \qquad a=\mathbf{806}.6389757$$

$$1669.961063/806.638957\cong\mathbf{2.070}$$

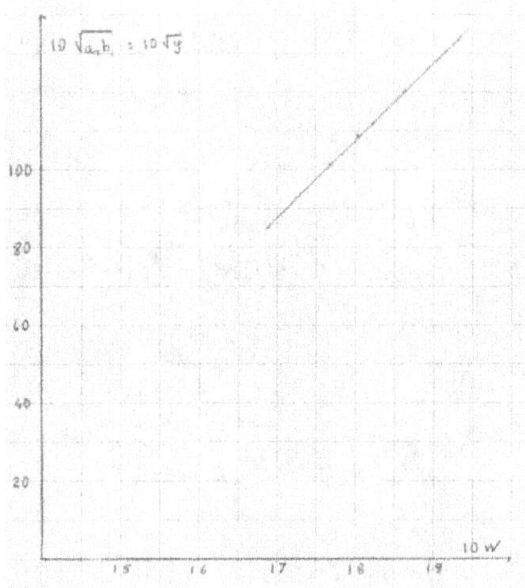

Fig.14-Lungo ST con l'uso di λ=0.81209 .

31

Uragano Sandy[20]

$$41mm. \equiv 750\ Km.$$

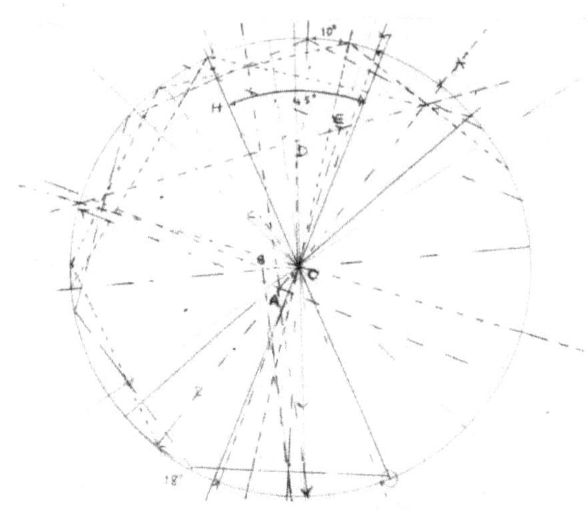

Fig.15- Le distanze (= d) dal punto O sono date da -
d=9$e^{n0.050461139}$; OB (in mm.)si trova con n=5;OC -
con n=15;OD con n=25; OE con 31.5. I raggi d'azione
(=R) del ciclone per i suddetti punti di transito sono
mm 6; 10.5; 13.5; 19; 24. Questi utilizzando la for -
mula

$$R = 4\frac{x}{2}\left(\frac{x}{2}+1\right)\ ,$$

mostrano una notevole regolarità.Un particolare a
p.15 .

Triangolo intergalattico RSG

Lo spostamento di Sandy lungo la spirale ABCDE è sta
to qui ingrandito[21] : AO= 9mm(Fig.15) diventa *AG=
9(2.20824935)mm.Tali punti mostrano una posizione
rilevante rispetto al triangolo intergalattico RSG.Se R
è il centro di Andromeda,data la sua galassia associa
ta[22] S ,oltre il punto G se ne ha un'altra lungo SG.

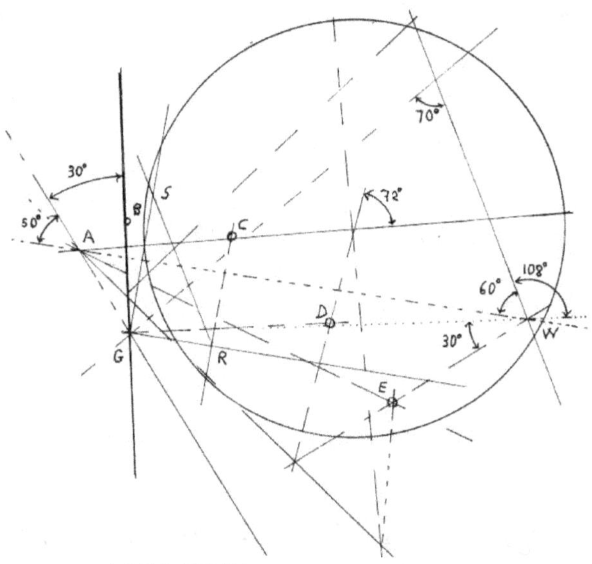

$41mm. \equiv 1654.57\ Km.$

Fig.16-Un dettaglio della fig.17.

d=GA $e^{k0.05046439}$ con k=0, 5, 15, 25,   31.5 .

$*\dfrac{1654.57 Km}{2.20824935} = 740.2677401 \cong 750$ Km.(p.32) .

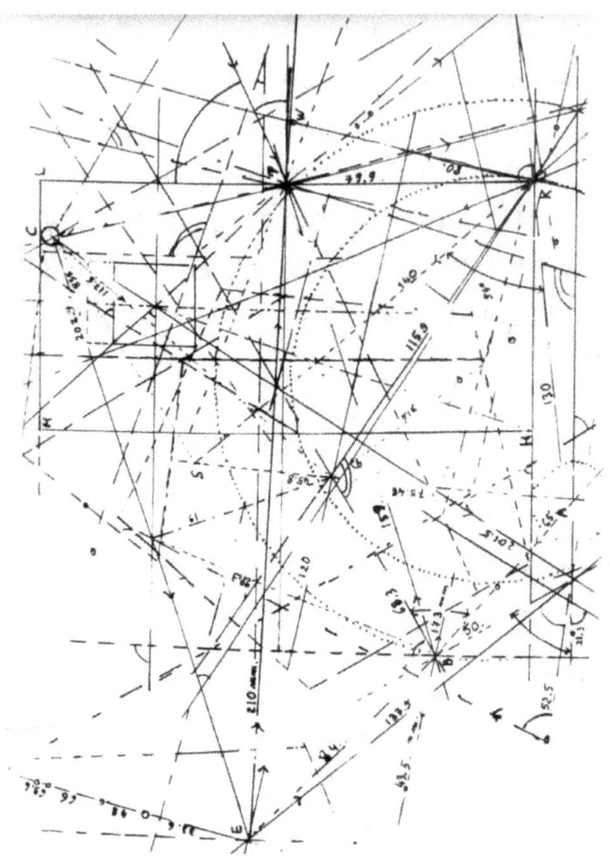

Fig.17a-Gravitazione(p.48; p.50). G = punto singolare.
Distanza=d= mm $99.6459e^{\pm k0.0368}$. AS = asse intergalattico;
HKLM=Santuario di Ezechiele.[Adattato da <SPAZIO>-Milano-
Hobby & Work Publishing n.23 (2013) p.272; p.273]. Foster
Nightingale –A Short Course In General Relativity-Springer Ver
lag-New York;Rees-Black Holes In Galactic Centers -Scientific A
merican-Nov.1990 . King-Globular Clusters-Scientific American
June 1985.

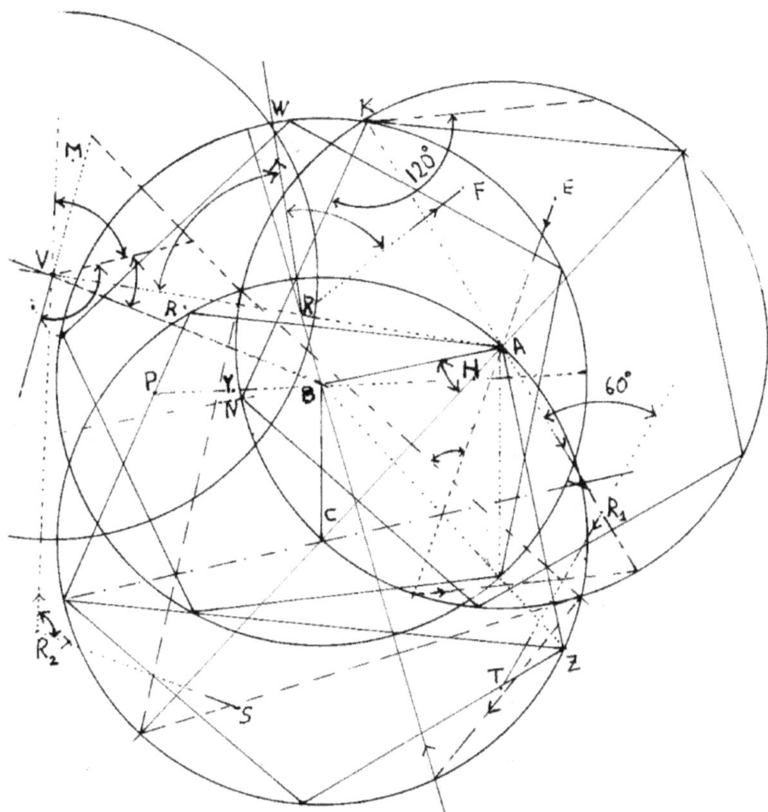

Fig.17.b-BY=22mm.,BH=40,CY=46 sono lunghezze già ricavate in Andromeda. Lo schema, sovrapposto alla copertina del libro " La materia oscura " fornisce le stelle rosse R_1 , R_2 ,R sulla linea VA ed R molto vicino al vertice del pentagono di centro C.Se λ è autovalore della matrice inversa di

$$\begin{vmatrix} 2 & 1 \\ 1 & -1 \end{vmatrix}, \; \lambda = \frac{-1+\sqrt{13}}{6} \;, \Rightarrow AF=99\lambda, BF=$$

147λ,CF=230λ;R_2A =330λ,R_2B =228λ,R_3C=180λ.....

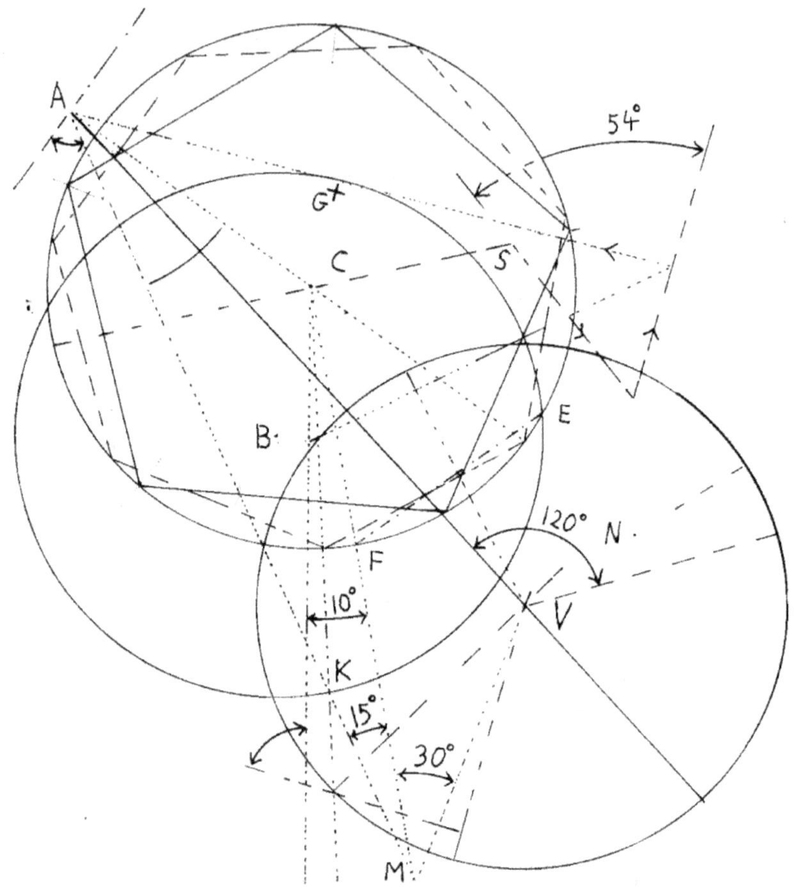

Fig.17c-B,C,V Sono gli stessi punti della fig.17b;A,S,G della fig.17a.C è il centro di **Andromeda**.
M≡ammasso globulare, N≡stella debolmente lumino sa. FE=60mm è lato di un possibile eptagono e a dis - tanza angolare di 10° da quest'ultimo se ne può trac ciare un altro.

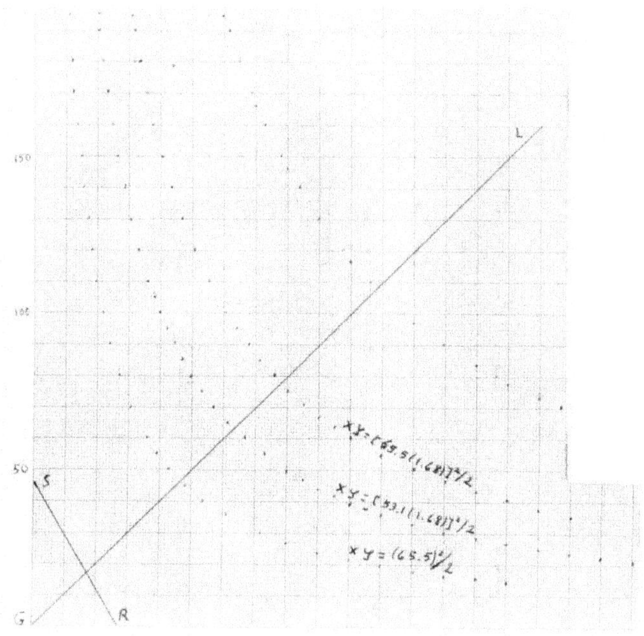

Fig.18-La simmetria assiale rivelata dalle iperboli equ
ilatere, accompagnate da curve ad esse uguali dalla
parte opposta di L rispetto a G, non può essere causa-
ta né dalla presenza di Andromeda(al punto R), né da
quella delle altre galassie più vicine. Così G è un pun -
to singolare .

Matrici nei pressi di un Buco Nero

Fissando[24] le due matrici

$$I_{st}=\begin{vmatrix} 0 & 0 & x_3 & x_4 \\ 0 & 0 & y_3 & y_4 \\ -x_3 & -y_3 & 0 & 0 \\ -x_4 & -y_4 & 0 & 0 \end{vmatrix} \quad g=\begin{bmatrix} 0 & z & -y & -x \\ -z & 0 & -x & y \\ y & x & 0 & z \\ x & -y & -z & 0 \end{bmatrix}$$

come loro prodotto (g I_{st}) si ha :

$$\begin{vmatrix} yx_3+xx_4 & yy_3+xy_4 & zy_3 & zy_4 \\ -xx_3-yy_4 & xy_3-yy_4 & -zx_3 & -zx_4 \\ -zx_4 & -zy_4 & yx_3+xy_3 & yx_4+xy_4 \\ zx_3 & zy_3 & xx_3+yy_3 & xx_4+yy_4 \end{vmatrix}$$

da cui si estrae

$$\begin{bmatrix} 0 & 0 & y_3 & y_4 \\ 0 & 0 & -x_3 & -x_4 \\ -x_4 & -y_4 & 0 & 0 \\ x_3 & y_3 & 0 & 0 \end{bmatrix}$$

che rappresenta un cambiamento di connessione[25].
Come prima indagine introduciamo l'equivalenza
(che fornisce un'evoluzione):

$$\begin{bmatrix} 0 & 0 & x_3 & x_4 \\ 0 & 0 & y_3 & y_4 \\ -x_3 & -y_3 & 0 & 0 \\ -x_4 & -y_4 & 0 & 0 \end{bmatrix}\begin{bmatrix} A & B & 0 & 0 \\ -B & A & 0 & 0 \\ 0 & 0 & E & F \\ 0 & 0 & -F & E \end{bmatrix}=$$

$$\begin{bmatrix} A & B & 0 & 0 \\ -B & A & 0 & 0 \\ 0 & 0 & E & F \\ 0 & 0 & -F & E \end{bmatrix} \begin{bmatrix} 0 & 0 & y_3 & y_4 \\ 0 & 0 & -x_3 & -x_4 \\ -x_4 & -y_4 & 0 & 0 \\ x_3 & y_3 & 0 & 0 \end{bmatrix}$$

La matrice[26] d i Han e Nambu (p.130)

$$\begin{bmatrix} 0 & -1 & -1 \\ 1 & 0 & 0 \\ 1 & 0 & 0 \end{bmatrix} \quad \text{confrontata con} \quad \begin{bmatrix} 0 & y_3 & y_4 \\ -y_3 & 0 & 0 \\ -y_4 & 0 & 0 \end{bmatrix}$$

comporta $y_3 = y_4 = -1$.

Sviluppando l'equivalenza,si ha :

$$x_3 E - x_4 F = -(Ay_3 + Bx_3) \qquad \Rightarrow \qquad x_3(E+B) = x_4 F + Ay_3$$
$$x_3 F + x_4 E = -(-Ay_4 + Bx_4) \qquad\qquad x_4(E+B) = -(x_3 F - Ay_4)$$
$$y_3 E - y_4 F = -By_3 + Ax_3 \qquad\qquad y_3(E+B) = y_4 F + Ax_3$$
$$y_3 F + y_4 E = -(By_4 + Ax_4) \qquad\qquad y_4(E+B) = -y_3 F - Ax_4$$

$$-x_3 A + y_3 B = -Ex_4 + Fx_3 \qquad\qquad x_3(F+A) = Ex_4 + By_3$$
$$-(x_3 B + y_3 A) = -Ey_4 + Fy_3 \qquad\qquad y_3(F+A) = Ey_4 - Bx_3$$
$$-(x_4 A - y_4 B) = Fx_4 + Ex_3 \qquad\qquad x_4(F+A) = Ex_3 - By_4$$
$$-(x_4 B + y_4 A) = Fy_4 + Ey_3 \qquad\qquad y_4(F+A) = -Ey_3 - Bx_4$$

Dalle prime quattro espressioni ricaviamo

$$\frac{x_3}{x_4} = \frac{x_4 F + Ay_3}{-x_4 A - y_3 F} \Rightarrow -x_3 x_4 A - y_3 x_3 F = x_4 y_4 F + y_3 y_4 A$$

$$\frac{x_4}{y_3} = \frac{Ay_4 - x_3 F}{x_3 A + y_4 F} \qquad x_3 x_4 A + x_4 y_4 F = y_3 y_4 A - x_3 y_3 F \quad ,$$

e aggiungendo la prima equazione alla seconda

$F(x_4y_4 - x_3y_3) = F(x_4y_4 - x_3y_3) + 2y_3y_4A$;

quindi A=0. Analogamente,con le equazioni rimanenti

$-(x_3B+y_3A)$ $=-Ey_4 +Fy_3=E-F$

$-(x_4B + y_4A) =Fy_4 +Ey_3=-(F+E)$ $\Rightarrow$

$$\left.\begin{cases} -B(x_3 + x_4) + 2A = -2F \\ B(x_4 - x_3) = 2E \end{cases}\right\} \text{(i)}$$

$-x_3A + y_3B=-x_4E+Fx_3$

$-(x_4A-y_4B)=-Fx_4 + Ex_3$ $\Rightarrow$

$$\left.\begin{cases} x_3(F + A) = y_3B + x_4E \\ x_4(F - A) = Ex_3 - By_4 \end{cases}\right\} \text{(ii)}$$

Poi,utilizzando (i) $\dfrac{x_3+x_4}{x_4-x_3} = \dfrac{2(F+A)/B}{2E/B}$;con (ii) invece,

essendo $y_3 = y_4$

$$F(x_3 + x_4) + A(x_3 - x_4) = E(x_3 + x_4)$$

ossia

$\dfrac{x_3+x_4}{x_4-x_3} = \dfrac{A}{F-E}$ .In questo modo si ha il legame

$F^2 + FA - EF - EA = EA$,ed essendo A=0 $\Rightarrow$ F=E.

In definitiva ,da A=cos ϑ , ϑ=(90$\pm$n360)mm.

F=E vuol dire sinφ=cosφ;φ=(45$\pm k$180)mm.

Tabella:Stelle nei pressi di un Buco Nero(p.34) .

45-	3555	7695	12195	16695
180=	3735	7875	12375	16875
-135	3915	8235	12555	17055
315	4095	E **84**.15	12735	17235
<u>x495</u>	4275	8595	12915	E **173**.25
675	4455	8775	**K130**.95	17415
855	4635	8955	13275	17595
1035	E **48**.15	<u>x9135</u>	E**133**.65	17775
1215	B **49**.95	9315	13635	17955
1395	G **51**.75	9495	13815	18135
1575	5355	9675	**K139**.95	18315
1755	5535	9855	14175	18495
1935	<u>x5715</u>	10035	14355	18675
2115	5895	10215	14535	18855
2295	G **60**.75	10395	14715	19035
2475	6255	10575	14895	19215
G26.55	6435	10755	15075	19395
2835	E **66**.15	10935	15255	19575
3015	6795	11115	15435	19755
3195	E **69**.75	11295	15615	19935
E3375	7155	11475	15795	20115
3555	7695	**G115**.65	15975	**E202**.95
3735	7875	11655	16155	20475
3915	K **79**.65	11835	16335	20655
4095	8055	**G120**.15	16515	20835 **E21015**

Tabella |90-n360| per Buchi Neri in mm e ciclo delle particelle fondamentali(in MeV) (includente il bosone di Higgs).Massa delle particelle[27] =m=$17.4e^{k0.011096}$.

90-	6390	18990	38430	57870	78390	98910
360=	6750	20070	39510	60030	79470	101070
-270	7110	21150	40590G61110	80550		102150
630	7470	22230	41670	62190	81630	103230
990	7830	23310	42750	63270	82710	104310
1350	8190	24390	43830	64350	83790	105390
1710	8550	25470	44910	65430	84870	106470
2070	8910	G26550	G45990	66510	85950	107550
2430	9270+	27630	47070	67590	87030	108630
3150	10350	29790	49230E69750	89190		110790
3510	11430	30870	50310	70830	90270	111870
3870	12510	31950	51390	71910	91350	112950
4230	13590	33030	52470	72990	92430	114030
4590	14670	34110	53550	74970	93510	H **115110**
4950	15750	35190	54630	75150	94590	к116190
5310	16830	36270	55710	76230	95670	117270
5670	17910	37350	56790	77310	97830	118350
6030						Σ^+=118710
						119007
						119430
						Σ^-=119790

Λ^0 =1115.10 meV; $\Sigma^0=\dfrac{\Sigma^+ +\Sigma^-}{2}$.

119790+ 138150 157590|

  1080 139230 158670| 167310 265590|351990+

120870 140310 159750| 10800   10800 | 1080=

121950 141390 160830| 178110 276390|353070

123030 142470 161910| 188910 287190|354150

124110 143550 162990| 199710 297990|355230

125190 144530 164070| 210510 308790|356310+

126270 145710 165150| 221310 319590| 360=

127350 146790 166230| 232110 330390|356670

128430 147870 <u>167310</u>| 242910 341190|$(\tau \nu_\tau)$

129510 148950 <u>168390</u> | 253710 351990|

130590 150030 | 264510 |16839

131670 151110 | 1080= | 36

132750 <u>152190</u> | 265590 |1687.5

133830 153270 | |MeV è

134910 154350 | |N

135990 155430 | |∈ {27}

137070 156510 | |E.Segré

....

81.9 GeV$=\dfrac{W^+ + W^-}{2}$, **92.7 GeV**$=Z^o$, **90.27**$=Z^o$(valore dato dal

<Linear Acceleration Center di Stanford(=SLAC)>.

126251.4=(**H**)= $1.74e^{801.15(0.011096)}$=bosone di Higgs .

Tensore fondamentale antisimmetrico[28]

Un punto caratterizzato dalle sue coordinate[29]

u'_i fornisce $\vec{r} = u'_1\vec{i} + u'_2\vec{j} + u'_3\vec{k} + u'_4\vec{l}$ .Posto

$$\begin{bmatrix} u'_1 \\ u'_2 \\ u'_3 \\ u'_4 \end{bmatrix} = \begin{bmatrix} f & -z & y & x \\ z & f & x & -y \\ -y & -x & f & -z \\ -x & y & z & f \end{bmatrix}\begin{bmatrix} u_1 \\ u_2 \\ u_3 \\ u_4 \end{bmatrix} \qquad \|g_{ij}\| = \begin{bmatrix} f & -z & y & x \\ z & f & x & -y \\ -y & -x & f & -z \\ -x & y & z & f \end{bmatrix}$$

in cui g_{ij} sono le componenti del tensore fondamentale,

ricaviamo
$$\begin{bmatrix} u_1 \\ u_2 \\ u_3 \\ u_4 \end{bmatrix} = \frac{1}{a}\begin{vmatrix} f & z & -y & -x \\ -z & f & -x & y \\ y & x & f & z \\ x & -y & -z & f \end{vmatrix}\begin{bmatrix} u'_1 \\ u'_2 \\ u'_3 \\ u'_4 \end{bmatrix}$$

$$= \begin{vmatrix} -u'_4 & -u'_3 & u'_2 & u'_1 \\ -u'_3 & u'_4 & -u'_1 & u'_2 \\ u'_2 & u'_1 & u'_4 & u'_3 \\ u'_1 & -u'_2 & -u'_3 & u'_1 \end{vmatrix}\frac{1}{a}\begin{vmatrix} x \\ y \\ z \\ f \end{vmatrix}$$

$a^2 = x^2 + y^2 + z^2 + f^2$; $\quad \dfrac{\partial \vec{r}}{\partial u_1} = f\vec{i} + z\vec{j} - y\vec{k} - x\vec{l} =$

$$= \vec{e}_1 = \begin{bmatrix} f \\ z \\ -y \\ -x \end{bmatrix}, \; \vec{e}_2 = \begin{bmatrix} -z \\ f \\ -x \\ y \end{bmatrix}, \; \vec{e}_3 = \begin{vmatrix} y \\ x \\ f \\ z \end{vmatrix}; \; \vec{e}_4 = \begin{vmatrix} x \\ -y \\ -z \\ f \end{vmatrix}.$$

In sintesi:

$$\begin{vmatrix} \vec{e}_1 \\ \vec{e}_2 \\ \vec{e}_3 \\ \vec{e}_4 \end{vmatrix} = \begin{vmatrix} f & z & -y & -x \\ -z & f & -x & y \\ y & x & f & z \\ x & -y & -z & f \end{vmatrix} \begin{bmatrix} \vec{i} \\ \vec{j} \\ \vec{k} \\ \vec{l} \end{bmatrix}$$

$$\begin{bmatrix} \vec{e}'_1 \\ \vec{e}'_2 \\ \vec{e}'_3 \\ \vec{e}'_4 \end{bmatrix} = \begin{bmatrix} \vec{i} \\ \vec{j} \\ \vec{k} \\ \vec{l} \end{bmatrix} = \frac{1}{a} \begin{vmatrix} f & -z & y & x \\ z & f & x & -y \\ -y & -x & f & -z \\ -x & y & z & f \end{vmatrix} \begin{bmatrix} \vec{e}_1 \\ \vec{e}_2 \\ \vec{e}_3 \\ \vec{e}_4 \end{bmatrix}$$

$\left\langle \vec{e}'_i \middle| \vec{e}_j \right\rangle = g_{ij}$ con $\vec{e}'_j = \vec{e}^{\,j}$ .Notare

$$\dot{r} = \frac{dr}{dt} = \frac{\partial r}{\partial u_1}\dot{u}_1 + \frac{\partial r}{\partial u_2}\dot{u}_2 + \frac{\partial r}{\partial u_3}\dot{u}_3 + \frac{\partial r}{\partial u_4}\dot{u}_4 = e_i \dot{u}_i =$$

$$= e^j \dot{u}^j \quad ; \mathrm{d}r = e_i du_i = e^j du^j ; du_j = M_{nj} dx_n$$

$$ds^2 = drdr = e^j du^j e_k du_k = g_{jk} du^j du_k$$

Connessione antisimmetrica(con f=0) $\Gamma^l_{ji}=g_{lj,i} = \dfrac{\partial g_{lj}}{\partial x_i}$

Tenendo conto delle espressioni [29]di Einstein,

$$g_{ij,k} = \partial_k < e^i|e_j >= (\partial_k e^i)e_j + e^i(\partial_k e_j) =$$

$$=-\Gamma^i_{mk}e^m e_j + e^i\Gamma^m_{jk}e_m = -g_{mj}\Gamma^i_{mk}+g_{im}\Gamma^m_{jk}$$

$$g_{kj,i} = -g_{mj}\Gamma^k_{mi}+g_{km}\Gamma^m_{ji}$$

$$g_{ik,j} = -g_{mk}\Gamma^i_{mj} + g_{im}\Gamma^m_{kj} \qquad \text{ricaviamo}$$

$$(g_{ij,k} + g_{kj,i} - g_{ik,j}) =$$
$$-g_{mj}\left(\Gamma^i_{mk} + \Gamma^k_{mi}\right) +$$
$$+ g_{im}\left(\Gamma^m_{jk} - \Gamma^m_{kj}\right) + g_{km}(\Gamma^m_{ji} - \Gamma^i_{mj}) = -2g_{mk}\Gamma^m_{ji}$$

$$\frac{1}{2}g^{\sigma\kappa}\left(g_{ij,k} + g_{kj,i} - g_{ik,j}\right) = -g^{\sigma\kappa}g_{mk}\Gamma^m_{ji} = -\Gamma^\sigma_{ji}$$

Ma $\quad g_{jk,i} = -g_{mk}\Gamma^j_{mi} + g_{jm}\Gamma^m_{ki}$
$$g_{ki,j} = -g_{mi}\Gamma^k_{mj} + g_{km}\Gamma^m_{ij}$$

e aggiungendo queste due relazioni a $g_{ij,k}$,si trova

zero;   ossia $g_{ij,k} = -g_{jk,i} - g_{ki,j}$ e

$$g_{mj}\left(-\Gamma^i_{mk} - \Gamma^m_{ki}\right) + g_{im}\left(\Gamma^m_{jk} + \Gamma^k_{mj}\right) +$$
$$+ g_{mk}\left(-\Gamma^j_{mi} - \Gamma^m_{ij}\right) = 0$$

$$\Rightarrow -\Gamma^\sigma_{ji} = \frac{1}{2}g^{\sigma\kappa}\left(-g_{jk,i} - \cancel{g_{ki,j}} + g_{kj,i} - \cancel{g_{ik,j}}\right) =$$

$-g^{\sigma\kappa}g_{jk,i}$ .Allora

$$g_{\sigma l}\Gamma^\sigma_{ji} = \Gamma^l_{ji} = g_{\sigma l}g^{\sigma\kappa}g_{jk,i} = -g_{jl,i}=g_{lj,i}$$

Applicazione pratica:gravitazione

Useremo con f=0

$$\|g_{lj}\| = \begin{bmatrix} f^3 & -z^3 & y^3 & x^3 \\ z^3 & f^3 & x^3 & -y^3 \\ -y^3 & -x^3 & f^3 & -z^3 \\ -x^3 & y^3 & z^3 & f^3 \end{bmatrix}$$

$\Gamma^l_{ji} = \dfrac{\partial g_{lj}}{\partial x_i}$ nella ben nota formula

$$R_{\mu\nu} = -\frac{\partial\Gamma^\alpha_{\mu\nu}}{\partial x_\alpha} + \frac{\partial\Gamma^\alpha_{\mu\alpha}}{\partial x_\nu} + \Gamma^\alpha_{\mu\beta}\Gamma^\beta_{\nu\alpha} - \Gamma^\alpha_{\mu\nu}\Gamma^\beta_{\alpha\beta} \; .$$

In R_{11} : $\dfrac{\partial\Gamma^\alpha_{11}}{\partial x_\alpha} = \dfrac{\partial\Gamma^1_{11}}{\partial x} + \dfrac{\partial\Gamma^2_{11}}{\partial y} + \dfrac{\partial\Gamma^3_{11}}{\partial z} + \dfrac{\partial\Gamma^4_{11}}{\partial f} = 0$

$$\frac{\partial\Gamma^\alpha_{1\alpha}}{\partial x} = \frac{\partial}{\partial x}\left(\Gamma^1_{11} + \Gamma^2_{12} + \Gamma^3_{13} + \Gamma^4_{14}\right) = 0$$

$$\Gamma^\alpha_{1\beta}\Gamma^\beta_{1\alpha} = \Gamma^1_{14}\Gamma^4_{11} + \Gamma^2_{13}\Gamma^3_{12} + \Gamma^3_{12}\Gamma^2_{13} + \Gamma^4_{11}\Gamma^1_{14}=$$

$$=2(3x^2)(-3x^2) - 18y^2z^2$$

$$\Gamma^\alpha_{11}\Gamma^\beta_{\alpha\beta} = \Gamma^4_{11}\Gamma^\beta_{4\beta} = (-3x^2)(\Gamma^1_{41} + \Gamma^2_{42} + \Gamma^3_{43} + \Gamma^4_{44}) =$$

$$=-3x^2(3x^2 - 3y^2 - 3z^2); \quad \text{ne segue}$$

$0=R_{11} = -18(x^4 + y^2z^2) + 9x^2(x^2 - y^2 - z^2)$ cioè

$$z^2(x^2 + 2y^2) = -x^2(x^2 + y^2) \, .$$

Con R_{22} : $\Gamma^\alpha_{2\beta}\Gamma^\beta_{2\alpha} + \Gamma^1_{23}\Gamma^3_{21} + \Gamma^2_{24}\Gamma^4_{22} + \Gamma^3_{21}\Gamma^1_{23} + \Gamma^4_{22}\Gamma^2_{24} =$

$$=-3z^2(-3x^2) + (-3x^2)(-3z^2) = -18x^2z^2$$

$$\Gamma^\alpha_{22}\Gamma^\beta_{\alpha\beta} = \Gamma^4_{22}\Gamma^\beta_{4\beta} = (3y^2)(3x^2 - 3y^2 - 3z^2)$$

Quindi,$0 = R_{22} = 18x^2z^2 - 9y^2(x^2 - y^2 - z^2)$
$$\Rightarrow z^2(2x^2 + y^2) = y^2(x^2 - y^2)$$

ed occorre risolvere la seguente equazione:
$\dfrac{x^2+2y^2}{2x^2+y^2} = \dfrac{-x^2(x^2+y^2)}{y^2(x^2-y^2)}$ cioè se $\dfrac{y}{x}=\tan\varphi$

$\dfrac{1+2\tan^2\varphi}{2+\tan^2\varphi} = \dfrac{1+\tan^2\varphi}{\tan^2\varphi(\tan^2\varphi-1)}$ che diventa

$$\tan^6\varphi - 1 = \tan^2\varphi(\tan^2\varphi+2)$$
Ovvero, se $\tan^2\varphi = w$,
$$w^3 - w^2 - 2w - 1 = 0$$

La procedura standard[31]suggerisce w=t+$\dfrac{k}{t}$,e ponendo

$3\dfrac{k}{t} = 1$; $t^3 - \dfrac{8}{3}t - \dfrac{47}{27} = 0$ w=t+$\dfrac{1}{3}$.

Confrontando con $s^3 + ps + q = 0$,le cui soluzioni

sono: $s_1 = \dfrac{A^{\frac{1}{3}}+B^{\frac{1}{3}}}{3}$, $s_2 = \dfrac{rA^{\frac{1}{3}}+r^2B^{\frac{1}{3}}}{3}$, $s_3 = \dfrac{r^2A^{\frac{1}{3}}+rB^{\frac{1}{3}}}{3}$

essendo

$$r=\frac{-1+i\sqrt{3}}{2}; \quad r^2 = -\frac{1+i\sqrt{3}}{2}; \quad r^3 = 1$$

$$A=[-27q+i3\sqrt{3}\sqrt{-(27q^2+4p^3)}\,]/2; \quad B = -\frac{3p}{A^{1/3}}$$

$(A+B=27q; AB=-27p^3).$

Usando i dati,

$$\sqrt{27\frac{(-47)^2}{27^2}+4\frac{(-8)^2}{3^2}}=2.441917883;$$

$$A=\frac{47-1268857752}{2} \qquad t=\frac{A^{1/3}+B^{1/3}}{3}=5.68095556=s_1$$

$$w=t+\frac{1}{3}$$

$$A^{\frac{1}{3}} = 2.579108281; \qquad B^{1/3} =8/A^{1/3} =$$

$3.101847278 \qquad . \qquad w= tan^2\varphi=6.014288893 ;$

$\varphi=\pm67.81618077$

$+\varphi-180 = - 112.1838192 ;\varphi=67.81618077 \qquad .$

Tabella: $\varphi=67.8-n180.$

-112	1372	G26.31	3891	G51.51	6411
-180=	1552	2811	4071	5331	E65.91
292	B173.1	2991	4251	5511	6771
472	1911	3171	4431	5691	E69.51
832	2091	E33.51	4611	5871	
1012	2271	3531	E47.91	6051	
1192	2451	3711	4971	6231	

Risulta conveniente cambiare scala(p.50):

$$w=tan^2 2\varphi \Rightarrow (2\varphi - 180) = -112.1838192$$

$\varphi =33.908\pm k90$.

Tabella:(33.9+k90)mm(p.34).C≡stella poco luminosa

33	2373	4623	6783	8853	11193	13983	20553
123	2463	4713	6873	8943	11283	900	20643
213	2553	**E48**03	**E69**63	9033	11373	14883	20733
303	**G26.4**	4893	7053	9123	11463	900	20823
393	2733	4983	7143	9213	11553	15783	20913
	2823	**B50**28	**G72**33	9303	**K11**598	15873	**E210**03
	2913	5073	7413	9393	11643	**B 159**18	
663	3003	**G51**63	7503	9483	900	15963	
753	3093	5253	**G75**48	9573	12543	16053+	
843	3183	5343	7593	9663	90	900=	
933	3273	5433	7683	9753	12633	16953	
1023	**E33**63	5523	7773	9843	12723	17043	
1113	3453	5613	**C 78**63	**B99**33	12813	17133	
1203	3543	5703	7953	10023	12903	17223	
1293	3633	5793	**K 79**98	**C101**13	**K 12993**	**B 173**13	
1383	3723	5883	8043	10203	13083	900=	
1473	3813	6063	8133	10293	13173	18213	
1563	3903	**G61**06	8223	10383	13263	19113	
1653	3993	6153	8313	10473	**E133**53	20013	
1743	4083	6243	**C 83**56	10563	13443	20103	
1833	4173	6333	8403	10653	13533	**C 201**48	
1923	4263	6423	**B 84**48	10743	13623	20193	
2013	4353	**B65**13	8493	10833	13713	**C 202**38	
2103	4443	**E66**03	8583	10923	13803	20283	
2193	4533	6693	8673	11013	13893	20373	

Valor medio:GB $\dfrac{6783+6873}{2}$ =**68.28**

Derivata covariante di ipercarica e Buchi Neri

L'uso delle matrici

$$Y=\begin{vmatrix} 0 & x & -y & z \\ x & 0 & z & y \\ y & -z & 0 & -x \\ -z & -y & x & 0 \end{vmatrix} \quad g=\begin{vmatrix} 0 & -z & y & x \\ z & 0 & x & -y \\ -y & x & 0 & -z \\ -x & y & z & 0 \end{vmatrix}$$

$\Gamma^i_{jk} = g_{ij,k} = \dfrac{\partial g_{ij}}{\partial x_k}$ fornisce la derivata covariante

$$Y_{\mu\nu;\varrho} = \frac{\partial Y_{\mu\nu}}{\partial x_\varrho} - \Gamma^\alpha_{\mu\varrho} Y_{\alpha\nu} - \Gamma^\alpha_{\nu\varrho} Y_{\mu\alpha} \ , \quad \text{per cui}$$

$$Y_{\mu\nu;z} = \begin{bmatrix} 0 & 0 & 0 & -(2y+1) \\ 0 & 0 & -(2y-1) & 1 \\ 2z & (2y-1) & 0 & 0 \\ (2y-1) & -2z & 0 & 0 \end{bmatrix}$$

In pratica

$$Y_{\mu\nu;y} = \begin{vmatrix} 0 & 0 & -1 & -1 \\ 2z & 0 & -1 & 1 \\ 1 & 1 & 0 & 0 \\ 1 & -1 & 2z & 0 \end{vmatrix} \quad Y_{\mu\nu;z} = \begin{vmatrix} 0 & 0 & 0 & -3 \\ 0 & 0 & -1 & 0 \\ 1 & 1 & 0 & 0 \\ 1 & -1 & 0 & 0 \end{vmatrix}$$

Gli autovalori λ per le matrici $Y_{\mu\nu;y}$ $; Y_{\mu\nu;z}$ sono dati rispettivamente da

$\lambda^2 = 2(\text{-}1 \pm i\, z) = \varrho_1 e^{\pm i\varphi}$;

$\lambda^2 = -2 \pm i\sqrt{2} = \varrho_2 e^{\pm i\psi}$.

Dopo un cambiamento di scala consideriamo

$\lambda^2 = (\text{-}1 \pm i)$.

Tracce

$$T=\sqrt[4]{2}\ (2\cos\tfrac{\varphi}{2})\quad \text{con } \tfrac{\varphi}{2}=22°.5;$$

$$\sqrt[4]{6}\ (2\cos\tfrac{\psi}{2})=2.983115735.$$

Buchi Neri livelli significativi

Per p.34: $nT=n\sqrt[4]{2}(2\cos22°.5)=n\ 2.197368227$

Distanze (mm.) **da G**:

12.1T=26.5881mm.(galassia Andromeda,p.36)

20.85T=45.815(galassia S)

34.35T=75.479(galassia A),27.75T=60.97;52.75T=

115.911;53.5T=117.55;54.75T=120.30,23.5T=51.63-

Distanze **da B**: 22.75T=49.990;72.36T=159.001;
78.75T=173.04

Distanze **da K**: 36.36T=79.89mm,36.5T=80.20 ,
59.25T=130.19; 63.75T=140.08;

Per p.14 :   26T=**57.3**;27T=**59.32** , 15.65T=**34.388**
37.65T=**82.73** ,41.65T=**91.520**;22.5T=**49.440**

Autovalori di $Y_{\mu v;z}$

Per semplicità $Y_{\mu v;z}=(2y-1)\begin{bmatrix} 0 & 0 & 0 & H \\ 0 & 0 & -1 & 0 \\ F & 1 & 0 & 0 \\ 1 & -F & 0 & 0 \end{bmatrix}$

con $F=\dfrac{2z}{2y-1}$; $H=-\dfrac{2y+1}{2y-1}$ .Dal determinante nullo per gli

autovalori λ $\begin{bmatrix} -\lambda & 0 & 0 & H \\ 0 & -\lambda & -1 & 0 \\ F & 1 & -\lambda & 0 \\ 1 & -F & 0 & -\lambda \end{bmatrix}$ =0 si ha

$\lambda^4-(H-1)\lambda^2-H(F^2+1)=0$

$$\lambda^2=\frac{1}{2}\left[(H-1)\pm(H+1)\sqrt{1+4H\frac{F^2}{(H+1)^2}}\right] \text{ ,in cui}$$

$H-1=\dfrac{-4y}{2y-1}$ $\qquad$ $H+1=\dfrac{-2}{2y-1}$ $\qquad$ $\dfrac{F}{H+1}$=-z   .Quindi

$$\lambda^2= -\frac{2}{2y-1}\left(2y\pm\sqrt{1-\frac{2y+1}{2y-1}4z^2}\right)$$

Esercizio:Calcolare $Y_{\mu v;\varrho}$ se

$$\|g\| = \frac{1}{2}\begin{bmatrix} 0 & z & -y & -x \\ -z & 0 & x & y \\ y & x & 0 & z \\ x & -y & -z & 0 \end{bmatrix}$$

Vertici dell'icosaedro[32]

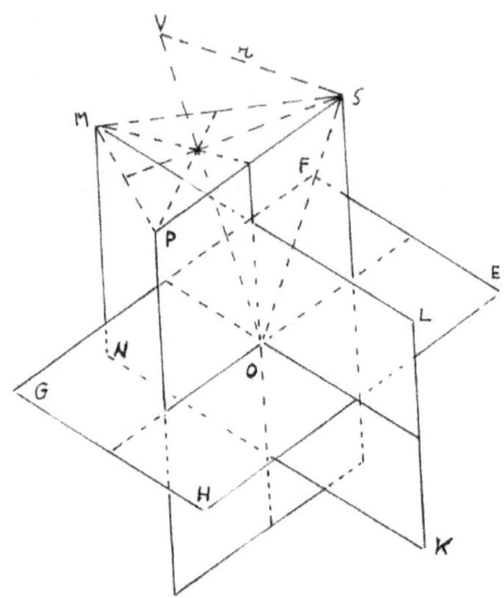

Fig.19-LM=u=102mm. ,KL=v;$u^2 - v^2 = uv$. I vertici si trovano tutti su una sfera di raggio OV.W è il centro del triangolo MPS, WS=$\frac{2}{3}(\frac{\sqrt{3}}{2}v)$, $WS^2 = \frac{v^2}{3}$ .Essendo simili i triangoli OVS e OWS,$\left\{\begin{array}{c} \frac{OV}{r} = \frac{OS}{WS} \\ OV^2 - r^2 = OS^2 \end{array}\right\}$

$\frac{OV^2}{r^2} = \frac{OS^2}{WS^2} = \frac{3OS^2}{v^2}$.Eliminando $OV^2 \Rightarrow$

$r^2 = \frac{v^2 OS^2}{3OS^2 - v^2}$ e per conseguenza

$$\text{OV=r}\frac{OS}{WS} = (\sqrt{3}OS^2)/\sqrt{3OS^2 - v^2}$$

v=r(1.37638192);

PS=GH=LK=v; $\quad$ OS=$\frac{1}{2}\sqrt{u^2 + v^2}$

$P(\frac{v}{2}, 0, \frac{u}{2})$; $S(\frac{-v}{2}, 0, \frac{u}{2})$; $Q\left(\frac{v}{2}, 0, \frac{-u}{2}\right)$; $R(\frac{-v}{2}, 0, \frac{-u}{2})$

$M(0, \frac{-u}{2}, \frac{v}{2})L\left(0, \frac{u}{2}, \frac{v}{2}\right) N\left(0, \frac{-u}{2}, \frac{-v}{2}\right) K(0, \frac{u}{2}, \frac{-v}{2})$

$E(\frac{-u}{2}, \frac{v}{2}, 0)F\left(\frac{-u}{2}, \frac{-v}{2}, 0\right); G\left(\frac{u}{2}, \frac{-v}{2}, 0\right); H\left(\frac{u}{2}, \frac{v}{2}, 0\right).$

Quando sono stati tracciati i punti HPG LHP   PSL
GHQ HQK LKE GMP PMS ed i loro simmetrici
rispetto ad O,sono necessarie semplici connessioni
per disegnare tutti i pentagoni del dodecaedro.

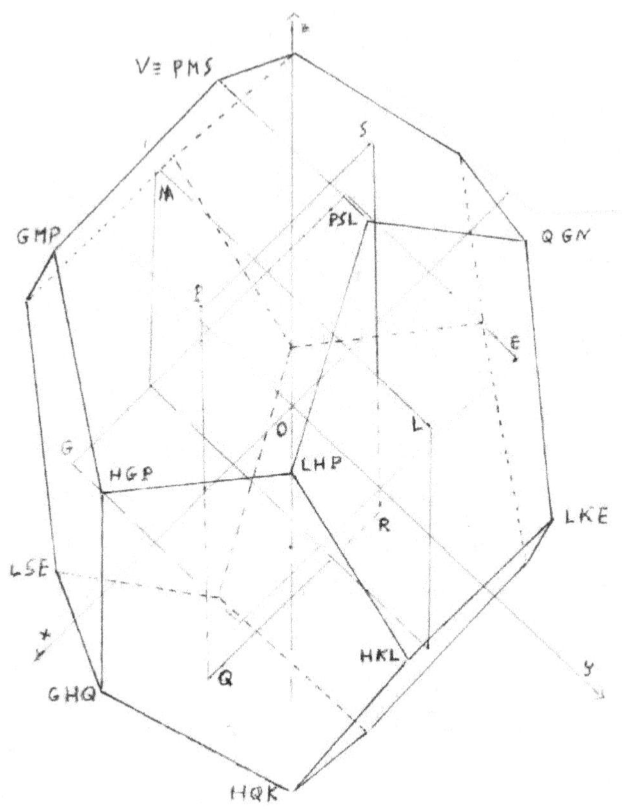

Fig.20-LM=102 mm.   ,OV=75.44674802 ;
HLP(43.5;43.5;43.5).
Confrontare con l'insieme di stelle della copertina
della Weekly Publication <SPAZIO>-Hobby &Work
Publishing Company S.r.l.-Milano,n.21 (2013).

Vertici del dodecaedro

I vertici si trovano tutti su una sfera di raggio OV (Fig.20).

Quelli dell'icosaedro associato sono gli angoli di tre rettangoli uguali che si intersecano mutuamente al loro mezzo formando angoli di 90°. I lati di uno di essi sono u e v con u^2-v^2=uv.Per i calcoli che seguono u=102mm;KL=v. Indichiamo con V≡ PMS il vertice del dodecaedro che è al di sopra del triangolo equilatero PMS, faccia dell'icosaedro(p.54).

Ricerchiamo subito le coordinate cartesiane di ciascun vertice .

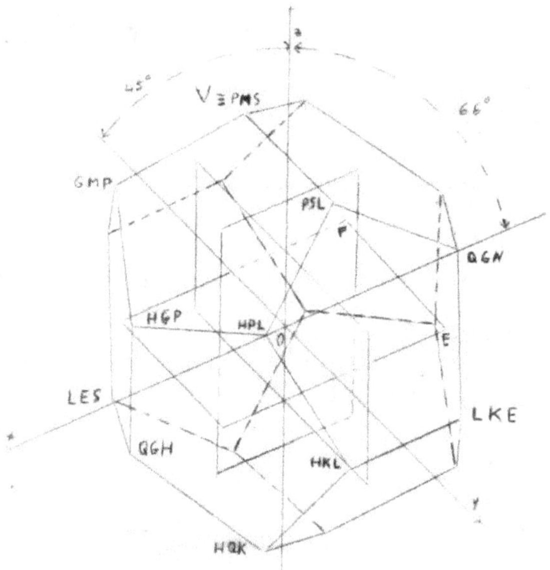

Fig.21- FE = 40mm; OV= 47.5367376 .

1)Punto PMS=V

Se x_o, y_o, z_o indica il baricentro del triangolo PMS, vista l'inclinazione sull'asse $-y$ di un angolo φ tale che

$$\tan\varphi = \tan \widehat{LMV} = \left(\frac{u}{2} - \frac{v}{2}\right)/\frac{u}{2}.$$

Risulta φ=20°.90515745;

$$x_o = x = 0, \qquad -y_o = \frac{1}{3}\left(\frac{\sqrt{3}}{2}v\right)\cos\varphi,$$

$$z_o = \frac{v}{2} + \frac{2}{3}\left(\frac{\sqrt{3}}{2}v\right)\sin\varphi$$

u=102mm.,   v=63.03946685.

La retta $\dfrac{y+y_o}{-y_o} = \dfrac{z-z_o}{z_o}$

interseca la sfera $x^2 + y^2 + z^2 = OV^2$ nei punti dati dal sistema z=$-\dfrac{z_o}{y_o}y$;$x^2 + y^2 + z^2 = OV^2$ con x=0 .

Quindi |y|=$\dfrac{OV}{\sqrt{1+\left(\frac{z_o}{y_o}\right)^2}}$ .Se OV=75.44674802 ,

y=26.92106631. Coordinate del vertice :

x=0; y≅ *26.9*; $z = +70.4$.

2)Punto PSL :   x=0;   y≅-26.9 ; z=+70.4

3)Punto HGP. Procedendo come prima,

$$\tan\varphi_1 = \frac{\left(\frac{u}{2}\right)}{\frac{u}{2}-\frac{v}{2}} \quad ;\varphi_1 = 69°.09484255$$

$$y_o = 0; x_o = \frac{2}{3}\left(\frac{\sqrt{3}}{2}v\right)\cos\varphi_1 + \frac{v}{2}; z_o = \frac{1}{3}\left(\frac{\sqrt{3}}{2}v\right)\sin\varphi_1$$

$$x_o = 44.50657727 \qquad z_o = 17.00982062$$

in cui x_0,y_0,z_0 si riferiscono al centro geomerico del triangolo HPG. La congiungente il questo baricentro con l'origine degli assi è $\dfrac{x-x_0}{x_0} = \dfrac{z-z_0}{z_0}$ e quindi il siste-

ma è ora $\quad z=\dfrac{z_0}{x_0}x \;\; ; \;\; x^2+y^2+z^2 = OV^2$ con y=0 .

Ne segue $\quad x=\dfrac{OV}{\sqrt{1+\left(\frac{z_0}{x_0}\right)^2}} \cong 70.47 \quad z \cong 26.9$.

4) Punto GHQ $\qquad x \cong 70.4 \qquad y=0 \qquad z \cong -26.9$

5) Punto HKL .Si ha $\quad \tan\varphi_2 = \left(\dfrac{u}{2} - \dfrac{v}{2}\right) / \left(\dfrac{u}{2}\right)$;

$\varphi_2 = 20°.90515745. z_0 = 0; \; y_0 = \dfrac{v}{2} + \dfrac{2}{3}\left(\dfrac{\sqrt{3}}{2}v\right)\sin\varphi_2 =$

$=44.50657781; \qquad\qquad x_0 = \dfrac{1}{3}\left(\dfrac{\sqrt{3}}{2}v\right)\cos\varphi_2 \cong 17.$

Come vertice si ha la soluzione del sistema che se-gue con z=0

$$\left.\begin{cases} y = \dfrac{y_0}{x_0}x \\ x^2+y^2+z^2 = OV^2 \end{cases}\right\} \text{, cioè}$$

$x=OV / \sqrt{1+\left(\dfrac{y_0}{x_0}\right)^2} \cong 26.9; \quad y \cong 70.4; \quad z=0$

6) LKE (dal confronto col punto HKL) ha $x \cong -26.9$; $y \cong 70.4$; $z=0$.

....

Per le rimanenti facce HLP HQK QGN LES trovia-mo

le equazioni dei piani in cui giacciono ax+by+cz=-d. Le normali ad essi sono note dagli angoli α, β, Υ, dati da

$$\cos\alpha=\frac{a}{\sqrt{a^2+b^2+c^2}}, \qquad \cos\beta=\frac{b}{\sqrt{a^2+b^2+c^2}},$$

$$\cos\Upsilon = \frac{c}{\sqrt{a^2+b^2+c^2}}$$

7)Piano HLP con H$(0,\frac{u}{2},\frac{v}{2})$ L$(\frac{u}{2},\frac{v}{2},0)$ P$(\frac{v}{2},0,\frac{u}{2})$.

Poiché questi punti appartengono al piano,

$$\frac{u}{2}b+\frac{v}{2}c = -d$$

$$\frac{u}{2}a+\frac{v}{2}b \qquad = -d$$

$$\frac{v}{2}a + \quad \frac{u}{2}c = -d \qquad \Delta=\begin{bmatrix} 0 & \frac{u}{2} & \frac{v}{2} \\ \frac{u}{2} & \frac{v}{2} & 0 \\ \frac{v}{2} & 0 & \frac{u}{2} \end{bmatrix} \qquad a=\frac{1}{\Delta}\begin{bmatrix} -d & \frac{u}{2} & \frac{v}{2} \\ -d & \frac{v}{2} & 0 \\ -d & 0 & \frac{u}{2} \end{bmatrix}$$

$a=-\dfrac{4v^2 d}{u^3+v^3}$;   b=a ;c=a ; $\sqrt{a^2 + b^2 + c^2} = \sqrt{3}\,a$ .Se

si pone $\dfrac{x-x_o}{-x_o} = \dfrac{y-y_o}{-y_o} = \dfrac{z-z_o}{-z_o} = f \;\Rightarrow x = (f + 1)x_o$

y=(f+1)y_o, z=(f+1)z_o .Sostituendo queste ultime 3 espressioni nell'equazione della sfera,si ha (f+1)= =OV/$\sqrt{x_o^2 + y_o^2 + z_o^2} \Rightarrow$ x=OVx_o /$\sqrt{x_o^2 + y_o^2 + z_o^2}=$ =OV cosα , y=OVy_o/$\sqrt{x_o^2 + y_o^2 + z_o^2}$ =OV cosβ;

z=OV$\dfrac{z_o}{\sqrt{x_o^2+y_o^2+z_o^2}}$= OV cos$\Upsilon$.

$\sqrt{x_o^2 + y_o^2 + z_o^2}$ è la distanza del baricentro dall'origine O. Per il vertice si hanno le coordinate

x=y=z=OV/$\sqrt{3} \cong 43.5$.

8)GMP   corrisponde a x=z=OV/$\sqrt{3}$,y=-OV/$\sqrt{3}$

9)HQK con H$(\frac{u}{2},\frac{v}{2},0)$ Q$(\frac{v}{2},0,-\frac{u}{2})$ K$(0,\frac{u}{2},-\frac{v}{2})$.

Col metodo di Kramer, si ha b =a ;   c=-a;

$\sqrt{a^2+b^2+c^2}=\sqrt{3}\,a$, x=y=-z=$\dfrac{OV}{\sqrt{3}}\cong$43.5 ,z$\cong$-43.5

10) QGN   essendoci

$Q(\dfrac{v}{2},0,-\dfrac{u}{2})G(\dfrac{u}{2},-\dfrac{v}{2},0)N(0,-\dfrac{u}{2},-\dfrac{v}{2})$

con lo stesso metodo di Kramer ,b=-a; c=-a,

$\sqrt{a^2+b^2+c^2}=\sqrt{3}$ a,-x=y=z=OV/$\sqrt{3}$,x$\cong-43.5$

11) LES per cui $L(0,\dfrac{u}{2},\dfrac{v}{2})\ E(-\dfrac{u}{2},\dfrac{v}{2},0)\ S(\dfrac{v}{2},0,\dfrac{u}{2})$

fornisce b= -a ; c= -a;   x= -y= -z=OV/$\sqrt{3}$ x$\cong$ 43.5

Superficie di sella

Gli autovalori w tali che $\begin{vmatrix} c-w & g \\ a & b-w \end{vmatrix}=0$

soddisfano l'equazione w^2-(b+c)w=ag-bc .
Dato allora il sistema $\dot{x}$=cx+gy $\dot{y}$ =ax+by,

abbiamo $\ddot{x}$=c$\dot{x}$+g$\dot{y}$=c$\dot{x}$+g(ax+by)= c$\dot{x}$+g[ax+b($\dfrac{\dot{x}-cx}{g}$)]

cioè $\ddot{x}$=$\dot{x}$(b+c)+x(ag-bc),con soluzione[35]
x=$C_1 e^{w_1 t}+C_2 e^{w_2 t}$.Analogamente per y,
$\ddot{y}$=$\dot{y}$(b+c)+y(ag-bc) ;y=$C_1 e^{w_1 t}$+ $C_2 e^{w_2 t}$
In definitiva,dal sistema con incognite
$e^{w_1 t}$ e $e^{w_2 t}$, dato da
y=$C_1 e^{w_1 t}+C_2 e^{w_2 t}$ [$\Rightarrow C_2 e^{w_2 t}$=y $-C_1 e^{w_1 t}$]

$x=\frac{1}{c}(\dot{x}-gy)=\frac{1}{c}[C_1 e^{w_1 t}(w_1-g)+C_2 e^{w_2 t}(w_2-g)]$
$[\Rightarrow(w_2\text{-}g)C_2 e^{w_2 t}=(w_2-g)(y\text{-}e^{w_1 t})=$
cx$-C_1 e^{w_1 t}(w_1-g)]$

si ha $\quad e^{w_1 t}=\dfrac{y(w_2-g)-cx}{C_1(w_2-w_1)}$; $e^{w_2 t}=\dfrac{-y(w_1-g)-cx}{C_2(w_2-w_1)}$ (D)

Considerando i quadrati delle espressioni di x di y,

$$x^2-y^2=C_1^2 e^{2w_1 t}[\frac{1}{c^2}(w_1-g)^2-1]+$$

$$+C_2^2 e^{2w_2 t}\left[\frac{1}{c^2}(w_2-g)^2-1\right]+$$

$+2C_1 C_2 e^{(w_1+w_2)t}[\frac{1}{c^2}(w_1-g)(w_2-g)-1]$

Dopo la sostituzione di $e^{w_1 t}$ ed $e^{w_2 t}$ [date dalle (D)] in questa formula ,operando un riordinamento si ott<u>i</u>ene la superficie. Se $\begin{vmatrix} c & g \\ a & b \end{vmatrix}=$

$$\begin{vmatrix} 1+\dfrac{3\lambda_2}{2\sin\left(\frac{360°}{7}\right)} & -1+\dfrac{3\lambda_2}{2\sin\left(\frac{360°}{7}\right)} \\ -2 & -2 \end{vmatrix}=$$

$$\begin{vmatrix} -0.91857212 & -2.91857012 \\ -2 & -2 \end{vmatrix}$$

λ_2=-1; w_1=-3.935071869 , w_2=1.01649859 ,

dal riordinamento troviamo

2.210943637 x^2-y^2=-3.026770372 xy .   Nello

spazio[35],si pone -3.02677372xy=2.210943637z^2 .

Un altro tensore fondamentale

Coll'introduzione di

$$\|g_{\mu\nu}\| = \begin{vmatrix} 0 & z^3 & -y^3 & -x^3 \\ -z^3 & 0 & -x^3 & y^3 \\ y^3 & x^3 & 0 & z^3 \\ x^3 & y^3 & -z^3 & 0 \end{vmatrix} ,$$

di nuovo $R_{\mu\nu} = \Gamma^{\alpha}_{\mu\beta}\Gamma^{\beta}_{\nu\alpha} - \Gamma^{\alpha}_{\mu\nu}\Gamma^{\beta}_{\alpha\beta}$.

Con R_{11} :

$$\Gamma^{\alpha}_{1\beta}\Gamma^{\beta}_{1\alpha} = \Gamma^{1}_{1\beta}\Gamma^{\beta}_{11} + \Gamma^{2}_{1\beta}\Gamma^{\beta}_{12} + \Gamma^{3}_{1\beta}\Gamma^{\beta}_{13} + \Gamma^{4}_{1\beta}\Gamma^{\beta}_{14}$$
$$= \Gamma^{1}_{14}\Gamma^{4}_{11} + (\Gamma^{2}_{13}\Gamma^{3}_{12} + \Gamma^{3}_{12}\Gamma^{2}_{13}) + \Gamma^{4}_{11}\Gamma^{1}_{44} = 2(-3z^2)(3y^2) .$$

$$\Gamma^{\alpha}_{11}\Gamma^{\beta}_{\alpha\beta} = \Gamma^{4}_{11}\Gamma^{\beta}_{4\beta} = 3x^2(-3x^2 + 3y^2 + 3z^2) .$$

Da $R_{11} = 0$ si ricava$(-18y^2z^2) = 9(-x^4 + x^2y^2 + $
$+ x^2z^2)$;

$$\Rightarrow z^2(2y^2 + x^2) = x^2(x^2 - y^2)$$

Con R_{22} :

$$\Gamma^{1}_{2\beta}\Gamma^{\beta}_{21} + \Gamma^{2}_{2\beta}\Gamma^{\beta}_{22} + \Gamma^{3}_{2\beta}\Gamma^{\beta}_{23} + \Gamma^{4}_{2\beta}\Gamma^{\beta}_{24} = $$
$$= \Gamma^{1}_{23}\Gamma^{3}_{21} + \Gamma^{3}_{24}\Gamma^{4}_{22} + \Gamma^{3}_{21}\Gamma^{1}_{23} + \Gamma^{4}_{22}\Gamma^{2}_{24} = 3z^2(3x^2) + $$
$$3x^2(3z^2)$$

$$\Gamma^{\alpha}_{22}\Gamma^{\beta}_{\alpha\beta} = \Gamma^{4}_{22}\Gamma^{\beta}_{4\beta} = (-3y^2)(-3x^2 + 3y^2 + 3z^2) = $$
$$= 9(x^2y^2 - y^4 - y^2z^2)$$

Quindi $0 = R_{22} = 18x^2z^2 - 9(x^2y^2 - y^4 - y^2z^2). \Rightarrow$

$$z^2(2x^2 + y^2) = y^2(x^2 - y^2) \ .$$

Rapportando insieme i risultati,

$\dfrac{z^2(2y^2+x^2)}{z^2(2x^2+y^2)} = \dfrac{x^2(x^2-y^2)}{y^2(x^2-y^2)}$ ossia, se $\dfrac{y}{x} = tan\varphi, \dfrac{2tan^2\varphi+1}{2+tan^2\varphi} =$

$\dfrac{1}{tan^2\varphi}$; $2tan^4\varphi = 2$ .La soluzione tanφ=1 è già stata trovata in precedenza(p.40).Se invece dei cubi usiamo quadrati in $g_{\mu\nu} \Rightarrow 2tan^2\varphi = 2$.

Punto di sella[37] $\zeta=\dfrac{1}{2}$

Sia[37] ζ=z/w ed

$$I(w)=\int_0^\infty e^{-z}z^w \, dz = w^{w+1} \int e^{-w\zeta}\zeta^w \, d\zeta \quad (1)$$

Punto di sella si trova con $\dfrac{df}{d\zeta} = \dfrac{1}{\zeta} - 2=0$

se f(ζ)=lnζ $-$ 2ζ $\Rightarrow$ $f(\tfrac{1}{2})=(\ln\tfrac{1}{2})-1)$. $\tau^2 = f\left(\tfrac{1}{2}\right) - f(\zeta) \cong$

$f\left(\tfrac{1}{2}\right) - \left[f\left(\tfrac{1}{2}\right) + \tfrac{1}{2}(-4)\left(\zeta - \tfrac{1}{2}\right)^2\right]$ perché

$\dfrac{d^2f}{d\zeta^2} = -\dfrac{1}{\zeta^2} = -4$ con $\zeta = \dfrac{1}{2}$. Inoltre

$\tau = \sqrt{2}(\zeta - \tfrac{1}{2}) \Rightarrow d\zeta = \dfrac{\sqrt{2}}{2} \, d\tau ; e^{w(\ln\zeta-2\zeta)} = e^{-2w\zeta}\zeta^w$

Di conseguenza $\int e^{wf(\zeta)} \, d\zeta =$

$\int e^{-2w\zeta}\zeta^w \, d\zeta = \dfrac{1}{2^w} \int e^{-2w\zeta}(2\zeta)^w \dfrac{1}{2} \, d(2\zeta)$

Ricordando l'uguaglianza(1),

$$I(w)=w^{w+1} \int e^{-2w\zeta} (2\zeta)^w d(2\zeta)=$$
$$(2w)^{w+1} \int e^{wf(\zeta)} d\zeta=$$

$$(2w)^{w+1} \int e^{w\left[f\left(\frac{1}{2}\right)-\tau^2\right]} \frac{\sqrt{2}}{2} d\tau =$$

$$=(2w)^{w+1} e^{w\left(ln\frac{1}{2}-1\right)} \frac{\sqrt{2}}{2} \sqrt{\frac{\pi}{w}}$$

Punto di sella a $\zeta=2$

La distanza dal punto di sella è

$$I(w)=\int_0^\infty e^{-z} z^w dz \ .$$

Posto $z=\frac{w\zeta}{2}$, si avrà $I(w)=\int e^{-w\frac{\zeta}{2}} \left(w\frac{\zeta}{2}\right)^w w \, d(\frac{\zeta}{2}) =$

$$=w^{w+1} \int e^{-w\frac{\zeta}{2}} (\frac{\zeta}{2})^w d\frac{\zeta}{2} \ .$$

Se $f(\frac{\zeta}{2}) = ln\frac{\zeta}{2} - \frac{\zeta}{2}$, $\ e^{wf(\zeta)} = e^{w\frac{\zeta}{2}} (\frac{\zeta}{2})^w$;

$$I(w)=w^{w+1} \int e^{wf(\frac{\zeta}{2})} d\frac{\zeta}{2}$$

Per trovare la discesa più ripida dal punto di sella si scrive

$$f(\frac{\zeta}{2}) = f(z_0) - \tau^2 ; \tau^2 = f(z_0) - f(\frac{\zeta}{2})$$

essendo z_0 il punto di sella.

Lo sviluppo di Taylor fornisce

$$f(\frac{\zeta}{2}) \cong f(z_0) + (\frac{\zeta}{2} - z_0)(\frac{df}{d\frac{\zeta}{2}})_{z_0} + \frac{1}{2}(\frac{\zeta}{2} - z_0)^2 \frac{d^2 f}{d\frac{\zeta}{2}^2}$$

ma $\ \dfrac{df}{d\frac{\zeta}{2}} = \dfrac{1}{\frac{\zeta}{2}} - 1 = 0 ; \quad \dfrac{d^2 f}{d\frac{\zeta}{2}^2} = [-\dfrac{1}{(\frac{\zeta}{2})^2}] = -1$ a $\zeta=2$

(avendo z_0) .

$$\tau^2 = -1 - \left(\ln\frac{\zeta}{2} - \frac{\zeta}{2}\right) = \left(\frac{\zeta}{2} - 1\right) - \ln\frac{\zeta}{2} = \left(\frac{\zeta}{2} - 1\right) +$$

$$- \left[\left(\frac{\zeta}{2} - 1\right) + \frac{1}{2}(-1)\left(\frac{\zeta}{2} - 1\right)^2\right]$$

$$\Rightarrow \tau = \frac{1}{\sqrt{2}}\left(\frac{\zeta}{2} - 1\right)$$

Infine $\quad$ I(w)=$w^{w+1} \int e^{w\left[f\left(\frac{\zeta}{2}\right)_o - \tau^2\right]} d\left(\frac{\zeta}{2}\right) =$

$$w^{w+1} e^{wf\left(\frac{\zeta}{2}\right)_o} \int e^{-w\tau^2} \sqrt{2}\, d\tau = w^{w+1} e^{-w} \sqrt{2}\sqrt{\frac{\pi}{w}}$$

H_3, il gruppo[38] di simmetria dell'icosaedro

Questo gruppo è caratterizzato da

$$r^5 = s^3 = (rs)^2 = I \qquad \text{in cui}$$

$$s = \begin{vmatrix} 0 & -1 & 0 & 0 & 0 & 0 \\ 0 & 0 & -1 & 0 & 0 & 0 \\ 1 & 0 & 0 & 0 & 0 & 0 \\ 0 & 0 & 0 & 0 & 0 & 1 \\ 0 & 0 & 0 & 1 & 0 & 0 \\ 0 & 0 & 0 & 0 & 1 & 0 \end{vmatrix} \qquad r = \begin{vmatrix} 0 & 0 & 0 & 0 & 0 & 1 \\ 1 & 0 & 0 & 0 & 0 & 0 \\ 0 & 1 & 0 & 0 & 0 & 0 \\ 0 & 0 & 1 & 0 & 0 & 0 \\ 0 & 0 & 0 & 1 & 0 & 0 \\ 0 & 0 & 0 & 0 & 1 & 0 \end{vmatrix}$$

Usiamo per semplicità le matrici seguenti :

$$A = - \begin{vmatrix} e^{i2\pi/5} & -\lambda \\ 0 & e^{-i2\pi/5} \end{vmatrix} \qquad B = \begin{vmatrix} 0 & -1 \\ 1 & 1 \end{vmatrix} \qquad \text{per cui}$$

$A^5 = -1$, $B^3 = -1$. Poi $(AB)^2 = -1$ $\quad$ se $\lambda = e^{-i2\pi/5}$.
Traccia di A = 2cos72° = 0.618033988=T . Con i suoi multipli si ricavano le distanze dal Black Hole di Fig.5 (p.14) :

55.75T=**34.45** , 80T=**49.44** , 92.75 T=**57.32** , 96T=**59.33** ; 133.75T=**82.66** ,117.5T=**72.61** , 148.05T= **91.4999**.

Notare[39] che

$$\begin{vmatrix} \varrho & -\lambda \\ 0 & \varrho^{-1} \end{vmatrix}^2 = \begin{vmatrix} \varrho^2 & -\lambda(\varrho + \varrho^{-1}) \\ 0 & \varrho^{-2} \end{vmatrix} = \begin{vmatrix} \varrho^2 & -\lambda\frac{\varrho^2-\varrho^{-2}}{\varrho-\varrho^{-1}} \\ 0 & \varrho^2 \end{vmatrix};$$

$$\begin{vmatrix} \varrho & -\lambda \\ 0 & \varrho^{-1} \end{vmatrix}^3 = \begin{vmatrix} \varrho^3 & -\lambda(\varrho^2 + 1 + \varrho^{-2}) \\ 0 & \varrho^{-3} \end{vmatrix} =$$

$$= \begin{vmatrix} \varrho^3 & -\lambda\frac{\varrho^3-\varrho^{-3}}{\varrho-\varrho^{-1}} \\ 0 & \varrho^{-3} \end{vmatrix}$$ e così via.

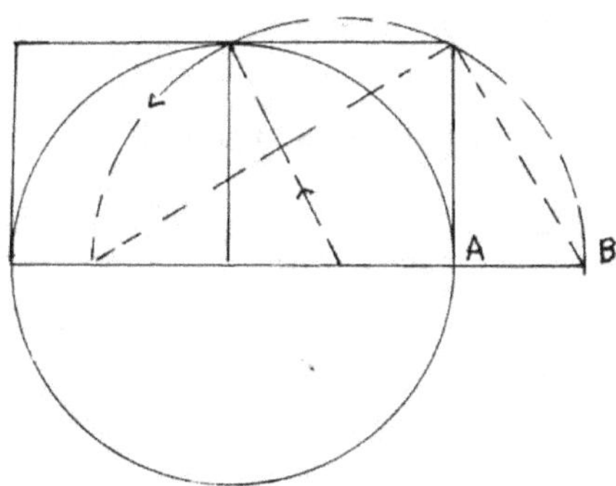

Fig.22- AB è il lato del decagono regolare inscritto in un cerchio di raggio h,se h è il lato del quadrato (Adattamento dal - libro <Le Modulor> di Le Corbusier) .

Dal piccolo triangolo a sinistra $r^2 = h^2 + (\frac{h}{2})^2 \Rightarrow$

r=$\frac{\sqrt{5}}{2}$h ;inoltre r=$\frac{h}{2}$+AB ,per cui AB= h $\frac{\sqrt{5}-1}{2}$

Trattrice per Buco Nero

In una trattrice il segmento tracciato dal punto di tan
genza fino ad una linea retta(= asintoto) è costante -
per ciascuno dei suoi punti.Tale segmento si esprime
con $PP_1{}^2= x^2+(y-y_1)^2=k^2$ se P≡(x,y) e

$P_1 \equiv (0,y_1)$.Contemporaneamente $\dfrac{dy}{dx} = \dfrac{y_1-y}{x}=\dfrac{\sqrt{k^2-x^2}}{x}$;

y=$\int \dfrac{\sqrt{k^2-x^2}}{x}$dx=k$\int \dfrac{\sqrt{1-(\frac{x}{k})^2}}{\frac{x}{k}}$ d$\dfrac{x}{k}$ .Ponendo $\dfrac{x}{k}$ =sinα ,

cosα=-$\sqrt{1-(\frac{x}{k})^2}$ $\Rightarrow$ (-y)=k$\int d\alpha \dfrac{cos\alpha}{sin\alpha}$cosα=

k $\int \dfrac{1-sin^2\alpha}{sin\alpha}$ dα=k[(ln tan$\frac{\alpha}{2}$) +cosα] perché

$\dfrac{d}{d\alpha}$ ln tan$\dfrac{\alpha}{2}$ = $\dfrac{1}{2} \dfrac{cos\frac{\alpha}{2}}{sin\frac{\alpha}{2}} \dfrac{1}{cos^2\frac{\alpha}{2}}$ =$\dfrac{1}{sin\alpha}$;poi$\dfrac{sin^2(\frac{\alpha}{2})}{cos^2(\frac{\alpha}{2})}=\dfrac{1-cos\alpha}{(1+cos\alpha)}=\dfrac{(1-cos\alpha)^2}{sin^2\alpha}$

$\Rightarrow$

(-y)=k[(ln $\dfrac{k+\sqrt{k^2-x^2}}{x}$) - $\sqrt{k^2-x^2}$]   .

Dato $\dfrac{-dy}{d\alpha} = k(\dfrac{cos^2\alpha}{sin\alpha})$,

$\Rightarrow dx^2+dy^2 = k^2 d\alpha^2(cos^2\alpha +\dfrac{cos^4\alpha}{sin^2\alpha}) = k^2 d\alpha^2 \dfrac{cos^2\alpha}{sin^2\alpha}$.

$s = k \int \dfrac{cos\alpha}{sin\alpha}$ dα=k(ln sinα) =k(ln$\frac{x}{k}$) ; $\dfrac{x}{k} = e^{s/k}$.

Quando la trattrice è ruotata intorno all'asse y ,segu-
endo il lavoro di Stillwell poniamo s=τ e con l'arco (dl)
in una sezione circolare della superficie si ha $\widehat{d\beta}$=$\dfrac{dl}{x}$ es

sendo x il raggio del cerchio.

$$ds^2 = dl^2 + d\tau^2 = x^2 d\beta^2 + d\tau^2 = k^2 e^{-2\tau/k} d\beta^2 + d\tau^2 \ .$$

Introducendo $w = e^{\tau/k}$, $dw = \dfrac{1}{k} e^{\tau/k} \, d\tau$;quindi sulla

superficie $ds^2 = k^2 e^{-2\tau/k}(d\beta^2 + dw^2) = k^2 \dfrac{d\beta^2 + dw^2}{w^2}$.

1) $x = x_0 \, e^{\tau y}$, $y = \dfrac{1}{\tau} \ln \dfrac{x}{x_0} \Rightarrow \dfrac{dy}{dx} = \dfrac{1}{\tau}\dfrac{1}{x}$;

$$ds = \sqrt{dx^2 + (\dfrac{1}{\tau}\dfrac{dx}{x})^2} = \dfrac{dx}{\tau x}\sqrt{1 + (\tau x)^2}$$

Si pone[41] $1 + \tau x^2 = t^2 \Rightarrow \tau 2x(dx) = 2t(dt)$; $ds = \dfrac{1}{\tau x}\dfrac{t(dt)}{\tau x}$ t=

$= \dfrac{1}{\tau}\dfrac{t^2}{t^2-1}$ dt Risolubile con $\dfrac{t^2}{t^2-1} = \dfrac{d}{dt}[t + \dfrac{1}{2}\ln(\dfrac{t-1}{t+1})]$.

2)Se abbiamo x $= x_0 \, e^{-\lambda y} \Rightarrow y = \dfrac{1}{\lambda}\ln\dfrac{x_0}{x}$ e $\dfrac{dy}{dx} = -\dfrac{1}{\lambda}\dfrac{1}{x}$.

$ds^2 = dx^2(1 + \dfrac{1}{\lambda^2 x^2}) \Rightarrow$ ds$= \dfrac{dx}{\lambda x}\sqrt{1 + \lambda^2 x^2}$.

Lungo[40] un Buco Nero(Fig.23)

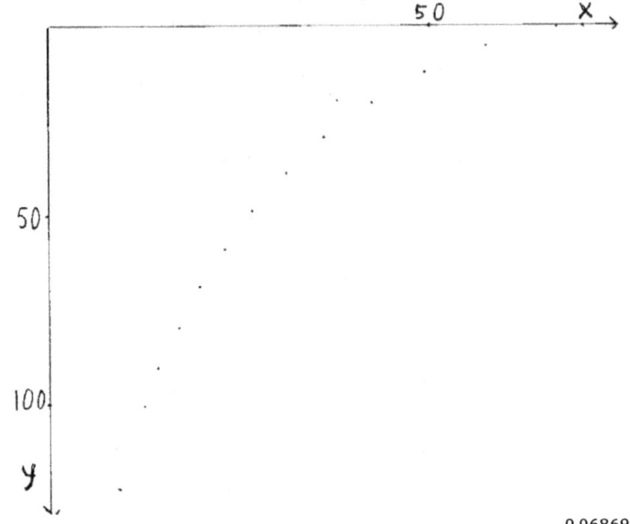

Fig.23-In piano ortogonale alla fig.25, $x=70.037e^{-\frac{0.0686948}{2}y\frac{2\pi}{14}}$
(p.71).

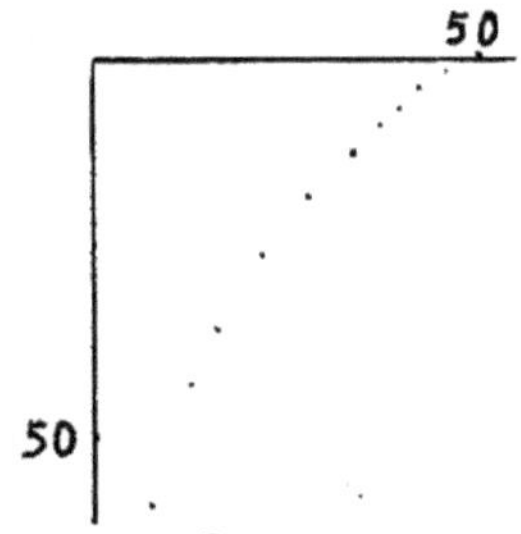

Fig.24- $x=49e^{-0.03680y\frac{2\pi}{14}}$. Punti di Andromeda(p.94)

y 3.75   7.5   12   14.25 22   33.5 48.5
x **46**.03 **43.2**9 **40**.19 **38.7**2 **34**.0 **28**.17 **21.99**
y 49.5   67   80   109.5
x **21.6**3 **16**.2 **13**.0   **8**.03

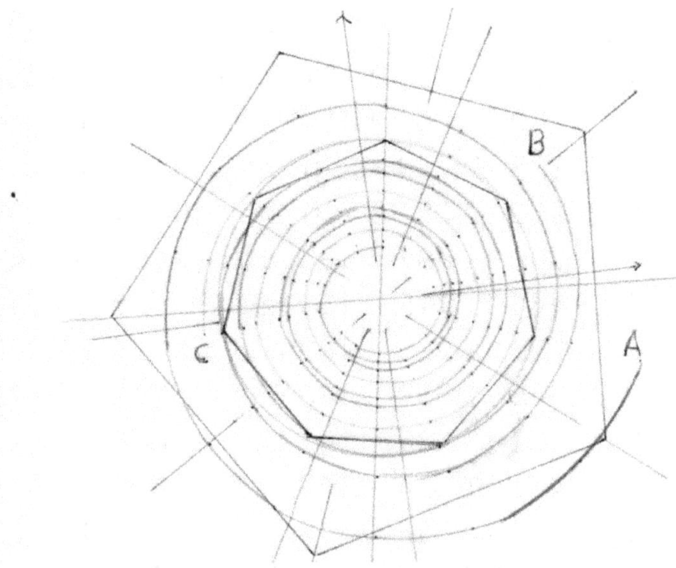

Fig.25 .Le distanze di A,B e c dal centro sono rispettivamente mm. 70.037 ,55.578 ,47.638 .

Da misure dirette lungo un braccio(=spirale) della

galassia*(Fig.25)mm.$30e^{5\lambda\frac{2\pi}{14}}$ =35;quindi

λ=**0.0686948** se π=3.1415927.Con $e^{\frac{\lambda}{2}\frac{2\pi}{14}}$ =**1.0155345** si

ottiene la tabella x=$70.037207e^{-n\frac{\lambda}{2}\frac{2\pi}{14}}$ in cui n(=y) è
un numero intero ,tabella valida per le tre spirali(con
differente inizio:A,B eC) :

$[\dfrac{35}{1.0155345}$=34.46460952≅**34.4** e così via(p.72)]

*DVD Galassie Aliene(copertina)-Hobby & Work-Publi
shing-Milano.

35   26.519 18.603 13.252 9.587 | 35   45.485 58.209
34.4 26.113 18.318 13.049 9.296 | 35.5 46.192 59.113
33.9 25.714 18.038 12.850 9.154 | 36.0 46.910 60.031
32.4 24.552 17.490 12.460 9.014 | 37.2 **47.638** 60.964
31.9 24.176 17.223 12.269 8.876 | 37.8 48.378 61.911
31.4 23.806 16.959 12.081 8.740 | 38.3 49.130 62.873
30.9 23.442 16.700 11.897 | 38.987 49.893 63.849
30.4 23.084 16.444 11.715 | 39.593 50.668 64.841
29.9 22.730 16.193 11.535 | 40.208 51.455 65.848
29.5 22.383 15.945 11.359 | 40.933 52.225 66.871
29.0 22.040 15.701 11.185 | 41.647 53.066 67.910
28.6 21.703 15.461 11.014 | 42.111 53.891 68.965
28.2 21.371 15.224 10.846 | 42.766 54.728 **70.037**
27.7 21.044 14.992 10.680 | 43.430 **55.578**
27.3 20.722 14.762 10.516 | 44.105 56.442
26.9 20.405 14.536 10.355 | 44.790 **<u>57.318</u>**
26.5 20.093 14.314 10.197 | In un piano ortogonale
26.1 19.786 14.095 10.041 | alla Fig.25 .
25.7 19.483 13.879 9.887 |
25.3 19.185 13.667 9.736 |

Se y=13, è infatti Δy=13 nella tabella qui in alto ,

$$x=70.037\,e^{\frac{0.0686948}{2}}\,13^{\frac{2\pi}{14}}= \underline{\textbf{57.318}}$$

Esempio: **34.464**=x(Fig.25)$,x^2$ 1187.767296

$$y=70.037\left(\ln\frac{70.037+\sqrt{4905.181-34.464^2}}{34.464}\right)+$$

$$-\sqrt{4905.181-34.464^2}=32.553$$

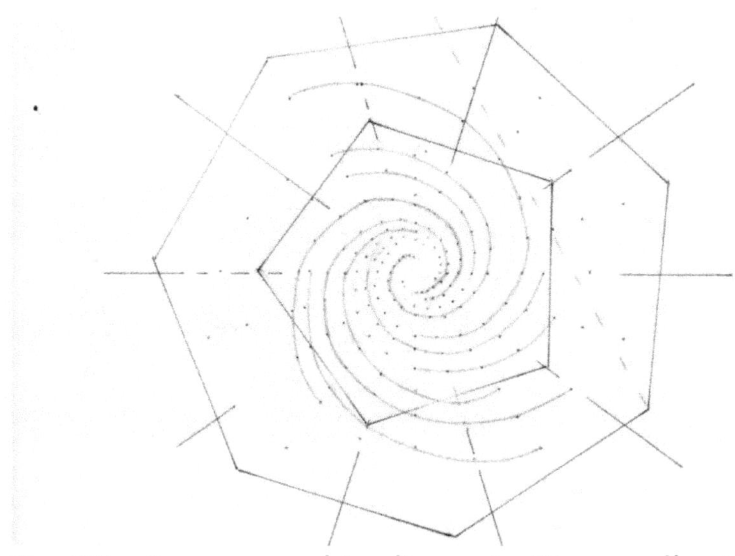

Fig. 26- Per un cerchio di raggio 70 mm. l'eptagono inscritto è 60mm.;con ϱ indichiamo la distanza dal centro.Ad ogni 36° di tale cerchio inizia una spirale

$\varrho = 70e^{-n\lambda\frac{\pi}{10}}$ con $|\lambda|$ tratto*da[46] $\dfrac{17.7mm.}{19.6mm.} = e^{-\lambda\frac{\pi}{10}}$.

Per un paragone con la precedente figura 25 preferiamo usare (distanze dal centro):in un piano o<u>r</u>togonale alla fig.26 $x = 70e^{-n\frac{\lambda}{2}\frac{\pi}{10}}$ [dacui $\dfrac{70}{x} = 1.0523044$

ad n=1; $\dfrac{70}{1.0523044} = $ **66.520** (p.74)]e la formula

$y = 70(\ln\dfrac{70+\sqrt{70^2-x^2}}{x}) - \sqrt{70^2-x^2}$ (p.75).In   pratica abbiamo usato altri parametri per la Fig.25 se non si usano eptagoni.

* Valore fenomenologico .

$$x = 70e^{-n\frac{\lambda}{2}\frac{\pi}{10}} = 70e^{-n\frac{0.324564437}{2}\frac{\pi}{10}}; \quad e^{\frac{\lambda\pi}{210}} = 1.0523044$$

$\pi = 3.1415927$.

70	<u>48.990</u>	34.286	23.995	<u>16.793</u>	11.753
<u>66.520</u>	46.555	32.581	<u>22.802</u>	15.958	11.168
63.214	44.241	<u>30.962</u>	21.669	15.165	<u>10.613</u>
60.072	<u>42.042</u>	29.423	20.592	<u>14.411</u>	10.086
<u>57.086</u>	39.952	27.961	<u>19.568</u>	13.695	9.584
54.248	37.966	26.571	18.596	13.014	<u>9.108</u>
51.552	<u>36.079</u>	25.250	17.671	<u>12.367</u>	8.655

....

Risultati ottenuti con $y=k(\ln \frac{x+\sqrt{k^2-x^2}}{x}) - \sqrt{k^2-x^2}$:

k=70.037(Fig.25)			k=70(Fig.25;Fig.26)	
x da p.72		*	x da p.74	
x=66.872	y=0.647	|	x=66.520676	y=0.748
x=57.318	y=5.588	|	x=57.086	y=5.72
49.13	12.602	|	48.990	12.71
42.111	20.796		42.042	20.84
36.095	29.755		36.079	29.73
30.939	39.236		30.962	39.13
26.519	49.084		26.571	48.89
22.730	59.194		22.802	58.91
19.483	69.488		19.568	69.12
16.700	79.918		16.793	79.46
14.314	90.448		14.411	89.90
12.269	101.049		12.367	100.41
9.014	122.393		9.108	121.57

Isometrie[31] con una lente gravitazionale

Consideremo la semplice isometria la cui espressione è data da

$$\begin{vmatrix} \cos30° & -\sin30° & 0 & 0 \\ \sin30° & \cos30° & 0 & 0 \\ 0 & 0 & \cos\frac{360°}{7} & -\sin\frac{360°}{7} \\ 0 & 0 & \sin\frac{360°}{7} & \cos\frac{360°}{7} \end{vmatrix}$$

per le cinque immagini(di cui una è in Q) ottenute da una lente gravitazionale nella figura che segue:

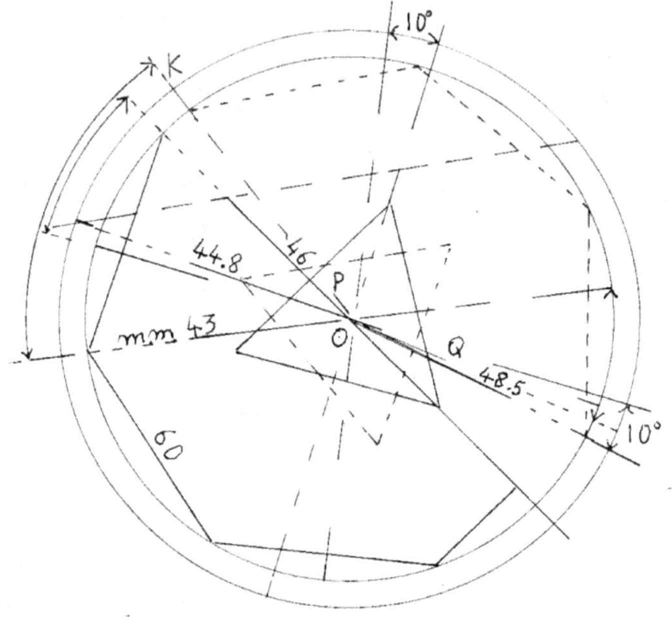

Fig.27-Immagini della lente hanno distanze da O date rispettivamente da 48.5 mm,46 ,44.8 ,43 , 27.5=OQ.

(Adattato da[45] Gonzàles: "La Materia Oscura "-Ed. RBA Italia S.r.l." 2016, p.51) .

Dato il rapporto $\frac{46}{44.8} = 1.02678514e^{w}$ ($\Rightarrow$w=0.026433257), controlliamo che esso può essere usato in modo appropriato.

Esempio: $48.497\ e^{66(0.026433527)} = 8.473$=OP ;

$63(\frac{360°}{7})+3(\frac{360°}{7})$significa che dopo $9[7(\frac{360°}{7})]$,a partire da 48.5 si raggiunge OP con un angolo di

$3(\frac{360°}{7})\cong154°.28$ .Poi,in proporzione

$\frac{360°}{7}$=51°.42857143 | 0.026433257

30° | 0.015419399

72° | 0.037006559

2° | 0.010279573

ed effettivamente $43\,e^{-29(0.015419399)}$ =27.4959=OQ

è il legame tra le due immagini,43mm e 27.5 essendo

29(30°)=870°=2(360°)+150° .Volendo utilizzare l'ango

lo di 72° si osserva quanto segue:

$$\begin{cases} 48.5\,e^{-15(0.037006559)} = 27.83976552 \\ e^{0.010279573} = 1.01033259 \quad\Rightarrow \\ \dfrac{27.83976552}{1.01033259} = 27.555 \end{cases}$$

Quindi 15(72°)=3(360°),e la distanza angolare tra 48.5

e 27.5=OQ è 2° come si misura direttamente e si rica-

va con l'ultima operazione nelle parentesi a graffa.

Una prima isometria dipende da $\cos30°\,\cos\frac{360°}{7}$ .Si

ha infatti da $\cos30°\,\cos\frac{360°}{7}$=0.539958006=k $\Rightarrow$

51k=**27.5**37, 80k=**43**.196,83k=**44.8**16, 85k=**45.89**6,

90k=**48.59**6,cifre esprimibili con x=49$e^{0.0368y\frac{2\pi}{14}}$ (p.70)

x   **8.46** 8.5 **27.48** **42.93** **44.7**4 45.49 **46.2**4 **48.5**7

y 106.15 106 3.5   8   5.5   4.5   3.5   0.5

con **curvatura costante negativa**[40] intorno ad un asse

intergalattico.

Bibliografia

1-S.Hawking-Dal Big Bang ai Buchi Neri –Milano Rizzo li Ed.1986. p.53.

2-B.A.Dubrovin S.O.Novikov A.T.Fomenco- Geometria Contemporanea 2-Roma-Editori Riuniti 1988,p.338.

3-Fernando Corbalàn-La Sezione Aurea-RBA Italia S.r.l. 2015, p. 130 .

E Kreyszig Differential Geometry New York Dover Publications Inc. 1991 ,p.137.

4-N.Piskunov-Calcolo Differenziale E Integrale2- Roma Editori Riuniti 1999, p. 140.

5-Le Scienze-Milano-Ottobre 1993-traduzione di Scien tific American).

6-N.Piskunov-Calcolo Differenziale E Integrale 2-Roma Editori Riuniti 1999, p .57.

7-E. Kreyszig- Differential Geometry- New York- Dover Publications Inc. 1991, p. 135.

8-M Henle A Combinatorial Introduction To Topology New York-Dover Publications Inc.1994,p.107.

9-Newsweek-11 May 18(2009),p.22,

J.Foster J.N.Nightingale- A Short Course In General Relativity- New York- Springer Verlag 1955,p.155.

10-Le Scienze- Milano- Ottobre 2005, p. 61 Scientific American tradotto).

11-Ta Pei Cheng and Ling- Fong Li: Gauge Theory Of Elementary Particle Physics- Problems And Solutions- Oxford- Clarendon Press 2000,p.273-p.267.

12-Sternberg -Group Theory And Physics- New York Cambridge University Press 1955,p.181.

13-David B Cline Carlo Rubbia Simon Van Der Meer Le Scienze–Milano-Maggio1982,p.29-Questi autori us<u>a</u> - no ϱ=14.6 $e^{n0.011096}$.

14-J.Stillwell-Geometry Of Surfices New York Springer Verlag 1992,p.199.

15-N.Piskunov- Calcolo Differenziale E Integrale 2-R<u>o</u>ma–Editori Riuniti 1999,p.134.

16-R.Pacifici-Midrashim-Edizioni Marietti 1986,Tor<u>i</u> - no p.159.

17-C.Kittel- Introduction To Solid State Physics -S<u>e</u> - venth   Edition-John Wiley & Sons Inc.-New York.

18-il MATTINO (quotidiano)- Napoli 7 Gennaio 2001, p.12.

19-Newsweek-May 28-2012,p.30;p.31.

20-il MATTINO (quotidiano)-Napoli-30 Ottobre 2012.

21-il MATTINO (quotidiano)Napoli- 29 Ottobre 2012, p.11.

22-Pubblicazione Settimanale<SPAZIO>Milano-Hobby &Work Publishing Srl.-n.23 (2013)p.272;p.273.

23-Pubblicazione Settimanale<SPAZIO>-Milano-Ho<u>b</u> - by &Work Publishing Srl.-n.23(2013)-p272.

24-V.Morrone-La nuova osservabile dei gravitoni-Piedimonte Matese-CE-Tipografia Piedimontese-14 Aprile 2007(un lavoro dell'autore).

25-A.Einstein-The Meaning Of Relativity-Fifth Edition-New York-M.J.F. Books –p.149;p.163.

26-C.Close- An Introduction To Quarks And Partons-New York-Academic Press 1979,p.162.

27-D.B.Cline Carlo Rubbia Simon Van Der Meer-Le Scienze- Milano- Maggio 1982 ,p.29 (Scientific American tradotto).

28-A.Einstein-The Meaning Of Relativity-Fifth Edition-New York-M.J.F.Books 1984,p.149.

29-J.Foster J.D.Nightingale- A Short Course In General Relativity-New York-Springer Verlag 1995,p.17.

30-R.Pacifici-Midrashim-Edizioni Marietti-Torino 1986 p.159.

31-M.Senechal – Quasicrystals And Geometry-Cambridge University Press,New York 1955,p.219;p.223 .

32- John Maxfield Margaret Maxfield– Abstract Algebra and Solutions By Radicals-New York-Dover Publications Inc. 1992,p.155.

33-M.Gardner-Enigmi E Giochi Matematici-Vol.2°-Firenze-Edizioni Sansoni 1983.

34-A.Franchetta P.Mastrogiacomo- Geometria Analitica-Napoli-Ed.Liguori 1975 ,p.251.

D. Speiser et al.- Journal Of Mathematical Physics -

5 126 (1964).

D. Speiser et al.- Journal Of Mathematical Physics -
5 1560 (1964).

35-N.Piskunov- Calcolo Differenziale E Integrale 2-
Roma-Editori Riuniti 1999,p.134.

36-L.Mihàli et al.-Solid State Physics -New York-John
Wiley & Sons 1996,p.40.

37-P.Dennery A.Krzywicki - Mathematics For Physi -
cists-New York-Dover Publications Inc. 1995,p.93;

P.C. Du Chateau – Advanced Mathematics For Engi -
neers And Scientists - Harper Collins Editions - New
York 1992,p.150.

38-M.Senechal- Quasicrystals And Geometry – New
York-Cambridge University Press 1955,p.64.

39-J.Stillwell- Geometry Of Surfices- New York-Springer Verlag 1992,p.199.

40-J.Foster J.D. Nightingale-A Short Course In General
Relativity-New York-Springer Verlag 1955,p.155.

41-A.Ghizzetti-Complementi Ed Esercizi Di Analisi Matematica-Volume I –Seconda Edizione 1965-66-Roma-
Libreria Eredi Veschi-Viale dell'Università 7.

42-M.Senechal-Quasicrystals and Geometry-Cambrid
ge UniversityPress –New York 1995,p.46.

43-John Hocking Gail Young- Topology-Dover Publica
tions Inc.-New York 1988,p.363.

44-Peter Duffet Smith- Practical Astronomy With Your Calculator-Second Edition-Cambridge University Press - New York 1982

45-Alberto Casas Gonzàles-La materia oscura-RBA Italia S.r.l.-2016.

46-Fernando Corbalàn-La sezione aurea-RBA Italia,2015-p.**15** e p.130.In quest'ultima pagina e con scala 45mm|70mm,un'approssimazione con misure dirette fornisce$\frac{22.5mm}{18.35mm}\cong1.226$ .Ricaviamo così la sequenza $\frac{18.35}{1.226}$=14.967 12.20 9.95 8.12 6.62 5.40 4.40 3.595 2.93 <u>23.918</u> **19.509** 1.591 <u>12.979</u> . Le cifre sottolineate sono stelle a p.**15** lungo il braccio di una galassia.

Valor medio=$\frac{19.509+15.91}{2}$=**17.7**

Cerchi misteriosi sui campi e disco volante
Preambolo.

Nell'epoca presente si guarda con attenzione allo spa<u>zio</u> extraterrestre.Non è difficile avere la base per una descrizione scientifica dei cerchi sul grano e capire il fenomeno naturale degli UFO. Andremo da una stella all'altra,e come?(p.90;p.91).

Liberi,81040(Caserta)-Novembre 2006.

Cerchi nei campi

Introduciamo la matrice $\begin{vmatrix} -1 & e_1 \\ e_1 & -1 \end{vmatrix}$
con autovalori λ dati da$(\lambda + 1)^2 - e_1^2 = 0$; $\lambda=\pm e_1 - 1$.

$$\psi_0 = \sqrt{(e_1 + 1)^2 + (e_1 - 1)^2} = \sqrt{2}\sqrt{e_1^2 + 1}$$
$$\cong e_1\sqrt{2}$$

Avendo[1] lungo una traiettoria rettilinea le misure di<u>-</u>rette

    9.7mm.   20   40 97   153.5   ,

si osserva che a ciascuno di questi passi si verifica qu<u>-</u>alcosa nel piano ortogonale.Operazioni:

n	$n\sqrt{2}$	$\sqrt{n} = a(a+1)$	a
7	9.899	2.65	$-2.2 \;;+\dfrac{1}{2}$
14	$19.79 \cong 20$	3.74	$-\dfrac{5}{2};+\dfrac{3}{2}$
28	$39.59 \cong 40$	5.29	$-3;+2$
69	97.68	8.306	$-\dfrac{7}{2};+\dfrac{5}{2}$

Piani paralleli ortogonali alla traiettoria

Per la matrice $\begin{bmatrix} \sqrt{6} & 0 & 0 \\ 0 & 2 & 1 \\ 0 & 1 & 1 \end{bmatrix}$ si hanno gli autovalori $\lambda=\sqrt{6}$,

$\lambda=\dfrac{3+\sqrt{5}}{2}$, infatti $(2-\lambda)(1-\lambda)=0$;inoltre

$$\psi_0=\left[\left(\frac{3+\sqrt{5}}{2}\right)^2 + \left(\frac{3-\sqrt{5}}{2}\right) + 6^2\right]^{1/2}=\sqrt{13}$$

n	$n\sqrt{13}$	$\sqrt{n}= a(a+1)$	a
14	$50.4 \propto 5$mm.	3.741	$-5/2 \;;+3/2$
36	$129.79 \propto 13$mm.	6	$-3 \;;+2$
58	$209.12 \propto 21$mm.	7.6	$-7/2 \;;+5/2$

$n\sqrt{13}$ suggerisce di ricavare $R=x^2+y^2$ se

$x=e^t(x_0\cos t+y_0\sin t)$ $y=e^t(y_0\cos t-x_0\sin t)$.

$7.6/6 \cong 1.266$ $,6/1.266 \cong 4.736$, $4.736/1.266 \cong 3.7409$

Traiettoria di un disco volante (di aria ionizzata)

Dopo cerchi concentrici con raggi dati[2] rispettivamente da 30mm., 48mm., 70mm. (Fig.2,p.90) si ha uno spostamento lungo una spirale avvolta su cono. La misura crescente di tali cerchi si può ricavare come segue:

$$\frac{x^2}{a^2}=cos^2\omega t(1+2sin\omega t)^2 \qquad \frac{y^2}{a^2}=sin^2\omega t \Rightarrow$$

$$\frac{x^2}{a^2(1+2sin\omega t)^2}+\frac{y^2}{a^2}=1$$ .Si ha il cerchio $\frac{x^2}{a^2}+\frac{y^2}{a^2}=1$ se

$(1+2sin\omega t)^2=1$,ossia$(1+2sin\omega t)+1=0$(p.86);$(1+2sin\omega t)-1=0$ (p.103).La spirale va vista come un piano inclinato (dal punto di vista giusto);quindi per un disco che rotola il cambiamento di energia è

$$\text{mgh}=\frac{1}{2}m(v_2^2-v_1^2)+\frac{1}{2}I(\omega_2^2-\omega_1^2)=\frac{3}{2}[\frac{1}{2}(v_2^2-v_1^2)]m \quad .$$

Sembra che il disco si innalzi verso l'alto invece è in caduta libera .La fase per un'accelerazione costante è

$$\frac{\Delta s}{v_m}=\frac{h}{(v_1+v_2)/2}\propto v_2-v_1$$ .Dai dati di p.90,accelerazione=k:

fase=$\Delta t=t_n-t_{n-1}$ $\qquad \sqrt{s_n}-\sqrt{s_{n-1}}$

$56.24-51.92=4.32 \qquad \sqrt{816.23}-\sqrt{559.8}=4.90$

$61.24-51.92=9.32 \qquad \sqrt{1261.6}-\sqrt{816.2}=6.96$

$66.24-51.92=14.32 \qquad \sqrt{1952.1}\sqrt{1261.6}=8.66$

$71.24-66.24=5 \qquad \sqrt{3020.28}-\sqrt{1952.1}=10.77$;infatti,

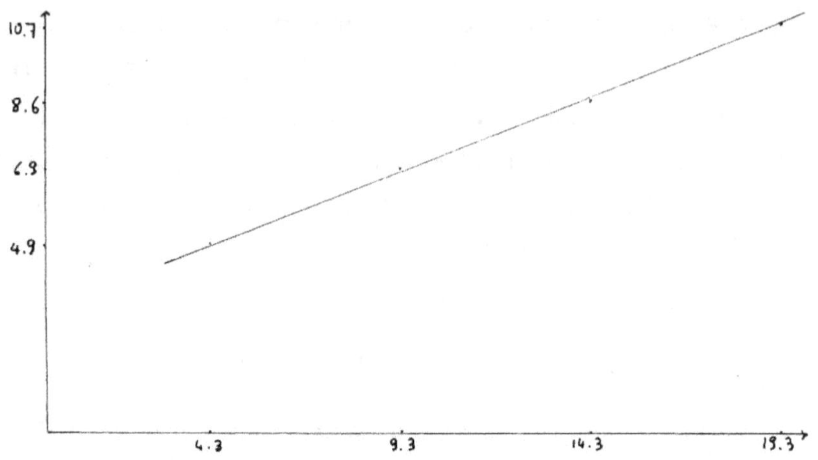

Fig.1-La fase $v_2 - v_1$ è proporzionale a $\sqrt{s_2} - \sqrt{s_2}$.

....

Soluzione sinωt=-1 (p.85).

-90+360=+360

270+83(360)=30150≡ 30.15 mm.

30150+50(360)=48150≡ 48.150 mm.

48150+61(360)=70110≡ 70.11 mm

Un'altra soluzione in ambiente stellare

Per lo stesso fenomeno sopra descritto introduciamo[3]

$$\sqrt{\frac{3}{4\pi}}(J_x \sin\omega\cos\chi + J_y \sin\omega\sin\chi + J_z \cos\omega) =$$

$$= \sqrt{\frac{3}{4\pi}}\,\frac{1}{\sqrt{2}}\,sin\omega \begin{bmatrix} \dfrac{\sqrt{2}}{tan\omega} & e^{-i\chi} & 0 \\[2ex] e^{i\chi} & 0 & e^{-i\chi} \\[2ex] 0 & e^{i\chi} & -\dfrac{\sqrt{2}}{tan\omega} \end{bmatrix}$$

cioè la componente del momento angolare lungo la direzione con angoli polari ω e χ (gli autovalori si vedranno tra poco).Rimanendo sul piano intuitivo,il rapporto tra il primo e terzo termine ,dato da tanωcosχ ,implica un certo ritardo rispetto a tanω.Perciò si pone[4]tan($\omega+\Delta$)=tan4ϑ= -1 per prova e così si trova accordo col risultato visto con

sinωt = - 1 (p.86) :

11.25-45=33.75; 33.75+66(45)=3003.75$\equiv$30.075 mm.

3000.75+40(45)=4803.75$\equiv$48.0375mm.

4803.75+49(45)=7008.75$\equiv$70.0875mm.

La matrice per gli autovalori λ è

$$\begin{bmatrix} \dfrac{\sqrt{2}}{tan\omega} - \lambda & e^{-i\chi} & 0 \\[2ex] e^{i\chi} & -\lambda & e^{-i\chi} \\[2ex] 0 & e^{i\chi} & -\dfrac{\sqrt{2}}{tan\omega} - \lambda \end{bmatrix} = 0 \qquad \text{cioè}$$

$$\left(\frac{\sqrt{2}}{tan\omega} - \lambda\right)\left[-\lambda\left(-\frac{\sqrt{2}}{tan\omega} - \lambda\right) - 1\right] -$$

$$e^{-i\chi}\left[e^{i\chi}\left(-\frac{\sqrt{2}}{tan\omega} - \lambda\right)\right] = 0;$$

Quindi $-\lambda^3 + 2\lambda\left(1 + \frac{1}{tan^2\omega}\right) = 0$, $\lambda = \begin{cases} 0 \\ \pm\sqrt{2(1 + \frac{1}{tan^2\omega}} \end{cases}$.

Assumendo ω=15°, |λ|=5.464101615 mm.I suoi multipli sono mostrati nella tabella che segue(con riferimento alla p.34):

5.5λ=30.05 mm   ,8.75λ=47.81 , 12.75λ=69.66 , 23λ=125.67

n	nλ	n	nλ	n	nλ
10.5	57.3	23.75	129.77	63	344.2
16.75	91.52	24	131.13	67	366.09
12.5	68.3	25.5	139.33	83.75	457610=galassia S
14.5	79.22	25.75	140.7	87.75	479.47
14.75	80.59	31.5	172.11	120.75	659.79
21.5	117.47	31.75	173.48	127	693.5
21.75	118.84	37	202.17	128	699.0
		48.5	26508=galassia Andromeda		
		138.25	75498=galassia A		

Esercizio.Se si pone ω=30°,λ= $\sqrt{2(1 + \frac{1}{tan^2\omega})} = 2\sqrt{2}$

$\Rightarrow$ 10.6λ =29.981 ,17λ=48.08 , 24.75λ=70.003 (p.87)

106λ=299.8 , 170λ=480.8 , 445.5λ=126.006 , 248.25λ=702.15

$$J_x = \frac{1}{\sqrt{2}}\begin{bmatrix} 0 & 1 & 0 \\ 1 & 0 & 1 \\ 0 & 1 & 0 \end{bmatrix} \quad J_y = \frac{1}{\sqrt{2}}\begin{bmatrix} 0 & -i & 0 \\ i & 0 & -i \\ 0 & i & 0 \end{bmatrix} \quad J_z = \begin{vmatrix} 1 & 0 & 0 \\ 0 & 0 & 0 \\ 0 & 0 & -1 \end{vmatrix}$$

Forze tra le stelle

Sulla linea NM(Fig.2;p.90) si ha un punto di simmetria in $P \equiv V$. Le misure per i triangoli isosceli RNM e$P_1 PM$(triangoli considerati come campi che dovrebbero rivelare le forze) forniscono $\frac{2.72}{4.75}=e^y \Rightarrow$ y=0.557512737; $\frac{7.2cm}{14.6cm}=e^x \Rightarrow$ x=-0.706940502.

Poiché il volo è avvolto su un cono con asse lungo $P_1 Q$,consideriamo i livelli quantici(=raggi) 30 , 48,   70 con l'uso di

$\varrho = e^{n\lambda} = e^{n0.0872836601}$ con λ dato da $\frac{7.0036}{4.83}=e^{\lambda(22.3-18.05)}$

n   9   12.6   17.8   18   **18.05**   22.2   **22.3**
ϱ   2.19   **3.003**   4.72   4.81   **4.83**   6.94   **7.0036**

Notare: **22.3 - 18.05=4.25** .La spirale è descritta da

x=a$e^{\lambda t}$cos t   , y=a$e^{\lambda t}$ sin t   , z= b$e^{\lambda t}$ (in cui b=1) sul cono $x^2 + y^2 = \frac{a^2}{b^2} z^2$ .La superficie del cono è ad un angolo φ dall'asse;(tanφ=$\frac{a}{b}$) .I punti (x,y,z) e (0,0,0) appartengono alla linea $\frac{x}{\cos t}=\frac{y}{\sin t}=\frac{z}{(\frac{a}{b})}$ .L'angolo α tra questa linea e la tangente in (x,y,z) si ricava da[5]

$$\cos\alpha = \frac{cost(\lambda cost - sint)+sint(cost+\lambda sint)+(\frac{b}{a})(\frac{b\lambda}{a})}{\sqrt{cos^2 t+sin^2 t+(\frac{b}{a})^2} \ \sqrt{(\lambda cost-sint)^2+(\lambda sint+cost)^2+(\frac{b\lambda}{a})^2}} =$$

$$=\lambda \sqrt{\frac{a^2+b^2}{[(a^2+b^2)\lambda^2+a^2}} \ .$$

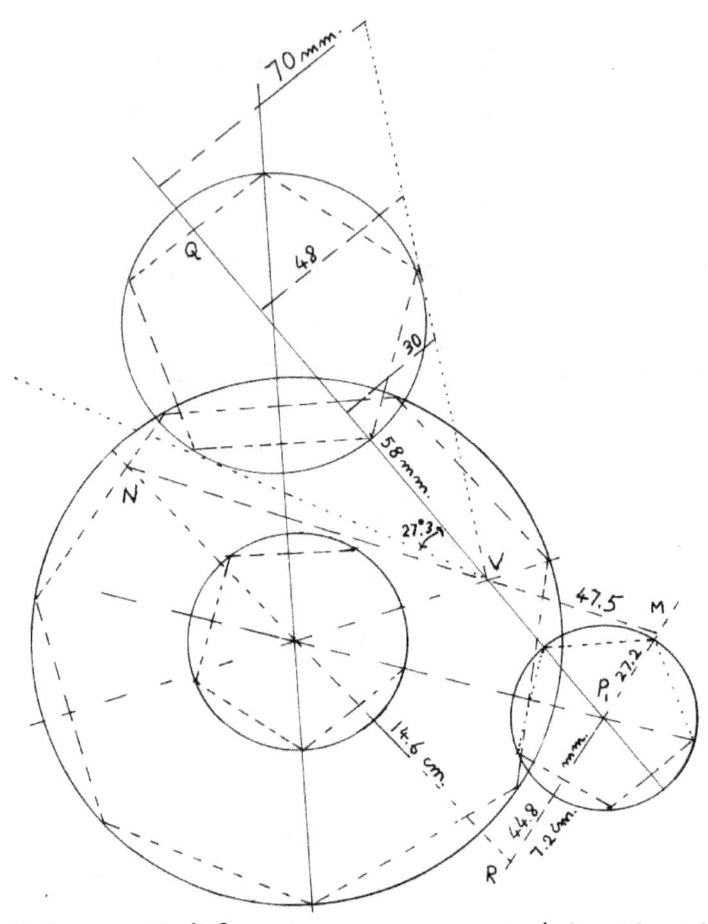

Fig.2-Sorgenti di forza.Lungo la spirale ds=$(\dot{x}^2 + \dot{y}^2 + \dot{z}^2)^{1/2}$

$(ds)^2 = e^{2\lambda t}[a^2(\lambda^2 + 1) + b^2\lambda^2](dt)^2; s = \frac{\sqrt{a^2(\lambda^2+1)+\lambda^2}}{\lambda} e^{\lambda t}$;

b= 1 ,z=$e^{n\lambda}$,a=tan27°.3 . s=(6.01945155)z   ,λ=0.087283989

n=t	46.5	51.92	56.24	61.24	66.24	71.24
z (fig.2)	58 mm	93	135.6	209.6	324.3	501.75
s	348.5	559.8	816.2	1261.6	1952.1	3020.28

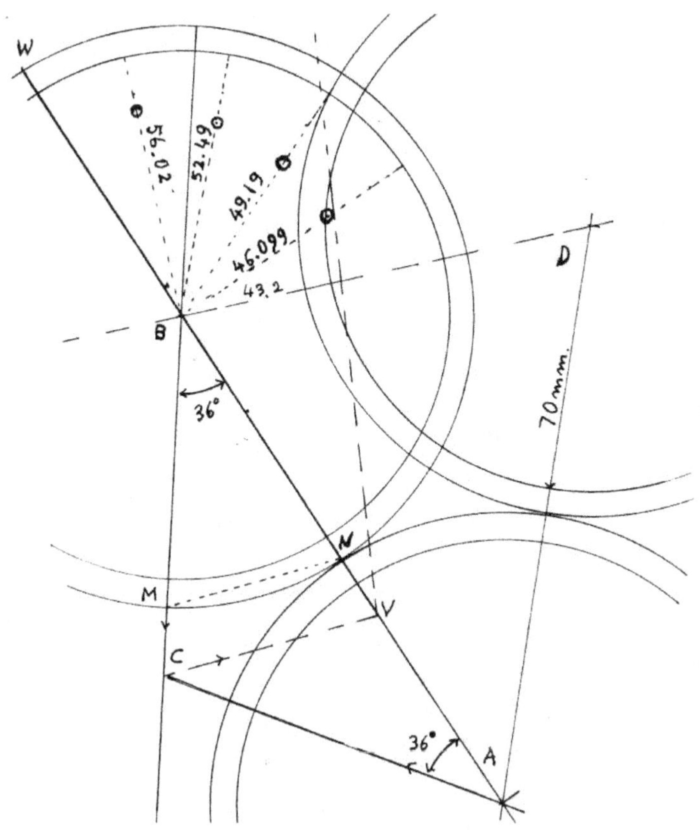

Fig.3-1)Nel piano passante per B ed ortogonale a VB ,

$56.02 = 43.2\,e^{\lambda\frac{\pi}{2}}$ in cui $\pi = 3.1415927$ $\Rightarrow$ $\lambda = 0.165437279$,

$\varrho = 43.2\,e^{n\lambda\frac{\pi}{8}}$, n=0,1,2,3,4 .2)Nello stesso piano contenente i cerchi

$\dfrac{360°}{112°} = \dfrac{2\pi}{1.954768791}$, $59 = 43.2\,e^{\lambda 1.954768791}$ $\Rightarrow\lambda = 0.159454637$.

$\varrho = 43.2\,e^{n\lambda\left(\frac{1.954768791}{5}\right)}$,n=0,1,2,3,4,5 . $D\hat{B}W = 112°$; BW=77mm.

3)CV/BV=$\dfrac{-1+\sqrt{5}}{2}$=τ , BV=2(77)-VA=154 $-$ CV=154-τBV; $\Rightarrow$BV=$\dfrac{154}{1+\tau}$.

4)BV/sinβ=43.2/sinα con $\alpha+\beta$=112° ;sinβ=sin(112°-α)

$\Rightarrow$ α=26°.8874097 .

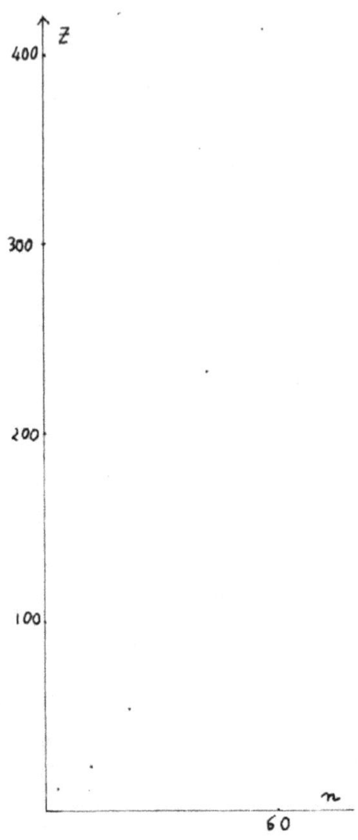

Fig.4-Caduta libera lungo VB fig.3.Δn=22.3-18.05 =**4.25**(p.89) .

$x = ae^{\lambda t}\cos t, y = ae^{\lambda t}\sin t,\ z = e^{n0.087283989}$

ds=$\sqrt{\dot{x}^2 + \dot{y}^2 + \dot{z}^2}\ dt \Rightarrow$S=$\dfrac{e^{\lambda t}}{\lambda}[a^2(\lambda^2 + 1) + \lambda^2]^{1/2}$,

Se 5 indica Δn =**4.25** ,con proporzione si trova:

7	5.97	$\Rightarrow$n=22.3 +5.97=28.25 ,	z=11.77
9	7.65	n=28.25+7.65=35.90	z=22.95
11	9.65	35.90+9.35=45.25	51.91
13	11.05	45.25+11.05=56.30	136.1

Intervalli periodici attraversando Andromeda

Utilizzando l'espressione[11] di Kronig-Penney

$$(\cosh w)\cos\vartheta + f(\sinh w)\sin\vartheta$$

mostreremo che da

$$\begin{vmatrix} \cosh w & \sinh w \\ \sinh w & \cosh w \end{vmatrix}\begin{vmatrix} \cos\vartheta & -f\sin\vartheta \\ f\sin\vartheta & \cos\vartheta \end{vmatrix} \qquad (a)$$

si ottiene una visione globale della struttura radiale di Andromeda. Nell'equivalenza

$$\begin{vmatrix} 2 & 1 \\ 1 & 1 \end{vmatrix} \Leftrightarrow \begin{vmatrix} \cosh w & \sinh w \\ sih\, w & \cosh w \end{vmatrix}$$

traccia e determinante non cambiano;il prodotto (a)

diventa allora $\begin{vmatrix} 2 & 1 \\ 1 & 1 \end{vmatrix}\begin{vmatrix} \cos\vartheta & -f\sin\vartheta \\ f\sin\vartheta & \cos\vartheta \end{vmatrix} =$

$$\begin{vmatrix} 2\cos\vartheta + f\sin\vartheta & -2f\sin\vartheta + \cos\vartheta \\ \cos\vartheta + f\sin\vartheta & -f\sin\vartheta + \cos\vartheta \end{vmatrix} . Per\ simmetria$$

$(2\cos\vartheta + f\sin\vartheta) = (-f\sin\vartheta + \cos\vartheta) \Rightarrow \tan\vartheta = -\dfrac{1}{2f} \to 0$ se f$\to$

∞ .$\Rightarrow$Risultato(a p.94 le misure dirette)(n180 mm.):

180	900+	9900	14400	<u>21.6</u>00	29700	<u>38</u>.700
360	1800	11700+	1800	900	31500	<u>40</u>.500
540	2700	9000=	**16**.200	**22**.500	<u>3300</u>	42300
720	4500	12600+	1800	1800	(**34**.05)	(<u>**43**</u>.2)
900	6300	1800=	18000	24300	35100	44100
	<u>**8**</u>.**100**	14400	19800	<u>27</u>.<u>9</u>00	36900	**45.90**

$$\cong \textbf{46mm.}$$

(34.05 e 43,2 sono valori medi)

Da p.95   : |Dap.98 :

$$\frac{\vartheta}{2} = (-45 \pm n180)\,|$$

ϑ-n360|ϑ+n360 | (|-45-n180|) |$\frac{\vartheta}{\beta}$=18.43+n180

 -90 |270 3150 |45 **13**.05 2565 |198   1638 3078
 -450 |630 3510 |225 1485 2745 |**378**   1818 3258
 -8.10 |990 3870 |405 1665 2925 |558   1998 <u>3438</u>
         |1350 4230|585 1845 3105|738   **21.78** 3618
         |1710 **45.90**|765 2025 3285 |918   2358 **37.98**
         |2070 |945 **22**.05 3465 |1098 2538 **39**.78
         |2430 |1125 2385 3645|1278 2718 4158
         |**27.90** | 3825|1458 2898
         | | **40.25**|

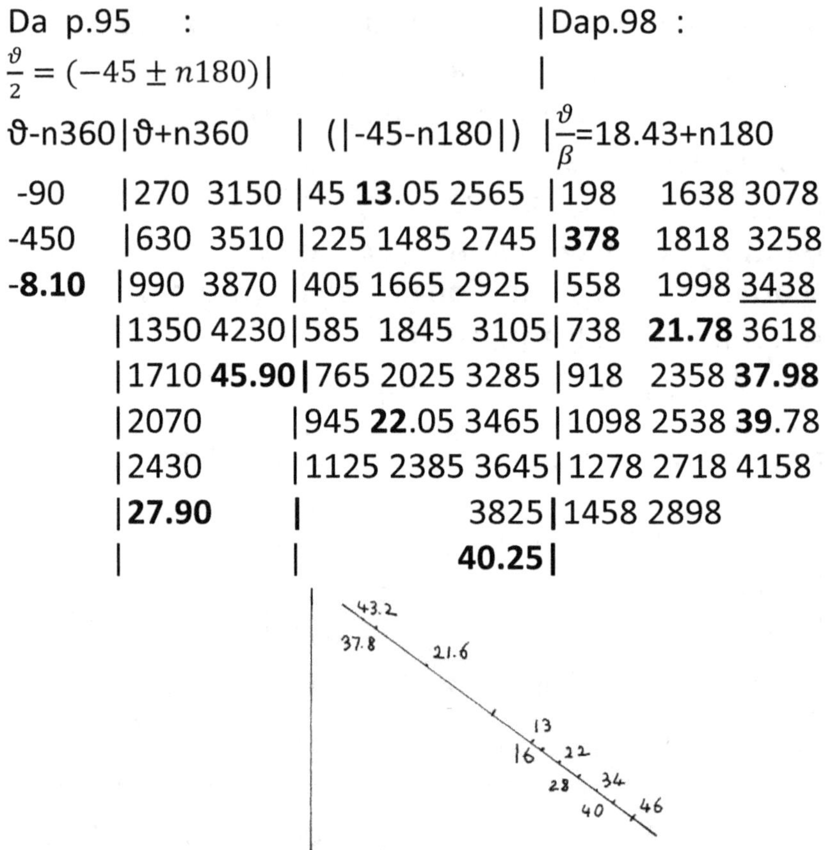

Fig.7-Diametro[12] di Andromeda.E' di circa 120.000 anni-luce(secondo la rivista "Nature",October 19-2006).

Esercizio riguardante Andromeda.

$x=\vartheta\cos\vartheta$; $y=\vartheta\sin\vartheta$

$\Rightarrow \dot{x}=\cos\vartheta-\vartheta\sin\vartheta$, $\dot{y}=\sin\vartheta+\vartheta\cos\vartheta$

$\ddot{x}=-2\sin\vartheta-\vartheta\cos\vartheta=k$, $\ddot{y}=2\cos\vartheta-\vartheta\sin\vartheta=k$

Quindi,eliminando ϑ

$$-\frac{k+2\sin\vartheta}{\cos\vartheta}=\frac{2\cos\vartheta-k}{\sin\vartheta} \quad \text{da cui si ricava} \quad \cos\vartheta-\sin\vartheta=\frac{2}{k}.$$

Con $\sin\vartheta=\dfrac{2\tan\frac{\vartheta}{2}}{1+\tan^2\frac{\vartheta}{2}}$ $\qquad$ $\cos\vartheta=\dfrac{1-\tan^2\frac{\vartheta}{2}}{1+\tan^2\frac{\vartheta}{2}}$ $\qquad$ $z=\tan\dfrac{\vartheta}{2}$

abbiamo

$$z^2\left(\frac{2}{k}+1\right)+2z+\left(\frac{2}{k}-1\right)=0 \Rightarrow z=\frac{-1\pm\sqrt{1-(\frac{4}{k^2}-1)}}{\frac{2}{k}+1} \quad e$$

finalmente,se k=2 ,

$$z=\frac{-1\pm1}{2}=\begin{cases}-1\\0\end{cases} \Rightarrow \frac{\vartheta}{2}=(-45\pm180)mm.(p.94).$$

UFO colorati[14]

Da tipi differenti di simmetrie collegate a forze agenti su particelle(cariche)in movimento derivano i processi dinamici(fenomeni)osservati.La forma dell'oggetto che ora consideriamo è di sigaro.La distribuzione dei punti lungo l'asse orizzontale dell'oggetto suggerisce una simmetria esagonale[SU(6)]ed un'altra concomitante SU(7):quanto si osserva è il risultato di due azio ni. Allora il prodotto $\frac{60}{2}(\frac{360}{7}\cong 51.429)=1542$ è stato assunto come lunghezza teorica dell'oggetto;la misura fotografata sul libro è di 49.5 mm. A questa dis‌tanza dal centro del sigaro il colore è rosso.

Spiegazione:

Per un arcobaleno,in proporzione si trova

$\frac{3}{7}1542=660.8=$colore verde , $\frac{2}{7}1542=440=$giallo

Se una particella carica elettricamente urta su aria, per ottenere dall'aria emissione di luce l'energia della carica deve essere tale che

$\frac{hc}{\lambda}=$hv$=\frac{1}{2}mv^2 \propto v^2$ (h=costante di Planck)

Quindi(p.85) poniamo $\quad \frac{436.47}{660.8}=\frac{\lambda_{verde}}{5890} \quad \Rightarrow$

$\lambda_{verde}=3890.4^{15}$

436.47 che è quasi 440 deriva da $(1542-\frac{51.42}{2})$.

Risultato

1542 =rosso	$\Leftrightarrow$	49.5 mm.
660.8 =verde		21.2
435.47=giallo		14.01

Per il piano ortogonale all'asse dell'oggetto occorre tener conto di un'altra simmetria:c'è una cupola di colore ambra(=giallo).

Cerchi concentrici rinvenuti in **campi**[16]:
y=n90(n90+3.37)

130813.2/17.5 =7475.04   ;   y=x(x+1)

n	y	y(proporzionale)	x
4	130813.2	17.5	$\dfrac{9.4}{2};+\dfrac{7.4}{2}$
5	204016.5	27.29	$-\dfrac{11.5}{2};+\dfrac{9.5}{2}$
6	293419.8	39.25	$\dfrac{15.57}{2}; +\dfrac{13.57}{2}$
7	399023.1	53.38	$-\dfrac{15.64}{2}; +\dfrac{1364}{2}$
8	520826.4	69.67	$-\dfrac{17.7}{2};+\dfrac{15.7}{2}$
9	658829.7	88.13	$-\dfrac{19.8}{2};+\dfrac{17.8}{2}$

Esercizio: Traiettoria ortogonale a una famiglia di spirali(p.8).Se la famiglia è espressa da

$$x=M_1 e^{\frac{\vartheta}{\beta}}\cos\frac{\vartheta}{\beta} \qquad y=M_1 e^{\frac{\vartheta}{\beta}}\sin\frac{\vartheta}{\beta} \ , \tan\frac{\vartheta}{\beta}=\frac{y}{x} \ ,\sqrt{x^2+y^2}$$

$$=M_1 e^{\frac{\vartheta}{\beta}} \ \Rightarrow \arctan\frac{y}{x}+\ln M_1 -\frac{1}{2}\ln(x^2+y^2)=0=\phi$$

$$\frac{\partial\phi}{\partial x}+\frac{\partial\phi}{\partial y}\left(-\frac{1}{\frac{dy}{dx}}\right)=0 \quad \text{(p.12)} \qquad\qquad \text{(a)}$$

$$\frac{\partial \phi}{\partial x} = \frac{-\frac{y}{x^2}}{[1+\left(\frac{y}{x}\right)^2]} + \frac{x}{x^2+y^2} \qquad , \qquad \frac{\partial \phi}{\partial y} = \frac{\frac{1}{x}}{[1+\left(\frac{y}{x}\right)^2]} + \frac{y}{x^2+y^2}$$

Allora,se ci sono come traiettorie ortogonali spirali logaritmiche $\frac{\Delta y}{\Delta x} = k$ (p.149),mediante (**a**), si avrà

$$k(\frac{-y+x}{x^2+y^2}) = \frac{x+y}{x^2+y^2} \text{ ovvero } k=\frac{1+tan\frac{\vartheta}{\beta}}{1-tan\frac{\vartheta}{\beta}} \Rightarrow tan\frac{\vartheta}{\beta} = \frac{k-1}{k+1} \ .$$

Con k=2,

$tan\frac{\vartheta}{\beta} = \frac{1}{3}$ .Quindi $\frac{\vartheta}{\beta} = \mathbf{18°}.43494881 \pm n180°$,che esprimi

amo come 18+n180mm(p.94).

Un trascinamento da parte del sole

Nei calcoli si cosidera che la massa del sole sia concentrata nel suo centro.Allora sulla superficie di tale stella la forza di gravità si misura con

$$g_{sole} = G \frac{m_{sole}}{(R_{sole})^2} \text{ in cui}[17] \quad G=6.67(10^{-8}) \frac{Dina \ cm^2}{grammo^2}$$

$m_{sole} = 2(10^{33})$grammi $; R_{sole} = 695990$ Km .

La distanza della Terra dal sole è 149.6(10^6) Km, mentre l'analoga distanza[18] di Mercurio vale d=0.39(149.6)(10^6)Km=58.344 10^6Km,

il raggio(=r)di questo pianeta è di 0.39(6371)Km; quindi d-r=(58344000-2484.69)=58341515.31Km

$\cong 5.83(10^{13})$cm.$(d-r)^2 \cong 33.9889(10^{26})$ .Nei

pressi di Mercurio l'influenza del sole è con

$$g'_{sole} = 6.67(10^{-8}) \frac{2(10^{33})}{(d-r)^2} \cong$$

$$0.392(10^{-1}) \frac{dina}{grammo} \cong 0.04 \frac{cm}{sec^2} \text{ ,dato che } \frac{F}{m}=a \quad .$$

Si dovrebbe avere tale accelerazione costante 24000 ore per coprire in caduta libera $14.92(10^6)$ Km, infatti

$$s=\frac{1}{2}at^2=\frac{1}{2}0.0004[24000(3600)]^2 =1492992(10^6)m.$$

La situazione cambia se l'attrazione è fornita da un ammasso globulare.Infatti esso potrebbe contenere persino un milione[19] di stelle in una regione spaziale sferica con diametro di circa 150 anni luce(p.36).

In realtà è molto probabile che si debba utilizzare in qualche modo(p.77) la direzione di un asse intergalattico* onde far intervenire un'intera galassia.

*La materia oscura-A.Casas Consàles-RBA Italia S.r.l.

Yperspazio(con sei variabili)

Oltre che parlare del vicino pianeta Marte,è necessa - rio indagare su quanto riguarda uno spazio più ampio di quello che coinvolge il sistema solare.

Tre rettangoli uguali che si tagliano mutuamente[20] a 90°,con i loro vertici permettono di individuare un so- lido regolare limitato da triangoli se i lati , u e v ,di un singolo rettangolo sono tali che $u^2 - v^2$=uv .
Contemporaneamente[21] $r^5 = s^5 = (rs)^5 = I$(p.66).
Allo spazio con tre dimensioni dato da

$$A=\begin{bmatrix} 0 & -1 & 0 \\ 0 & 0 & -1 \\ 1 & 0 & 0 \end{bmatrix} \text{ si può sostituire } B=\begin{bmatrix} 0 & -1 & -m \\ m & 0 & -1 \\ 1 & m & 0 \end{bmatrix},$$

infatti l'ordine del prodotto di queste due matrici AB= BA.Allora trattando solo tre dimensioni,per gli autova lori, si ottiene

$$\begin{bmatrix} -\lambda & -1 & -m \\ m & -\lambda & -1 \\ 1 & m & -\lambda \end{bmatrix}=0 \text{ .Se m=2,}\lambda\text{=-1, } \lambda=\frac{1\pm i\sqrt{27}}{2}.$$

Ricordando che $s^3 = r^5$,nello spazio rimanente consi deriamo multipli del prodotto $|\cos120° \cos 72°|$ = =0.151408497=x(mm)come valore di prova.Avendo i dentificato un eptagono osservando due stelle, vicine tra loro ,entrambe allineate alla sorgente principale di forza, si ottengono i livelli quantici (per stelle) mos trati nella tabella che segue.Le due stelle menzionate distano (fig.8;p.101) 41.7 mm e 42.4 dalla sorgente.

n	10nx	n	10nx	n	10nx
9	13.9	27	41.7	39	60.3
12	19.5	31.5	48.6	62.75	**95.008**=galassia
13	20.9	36,5	**56,4**=galassia		

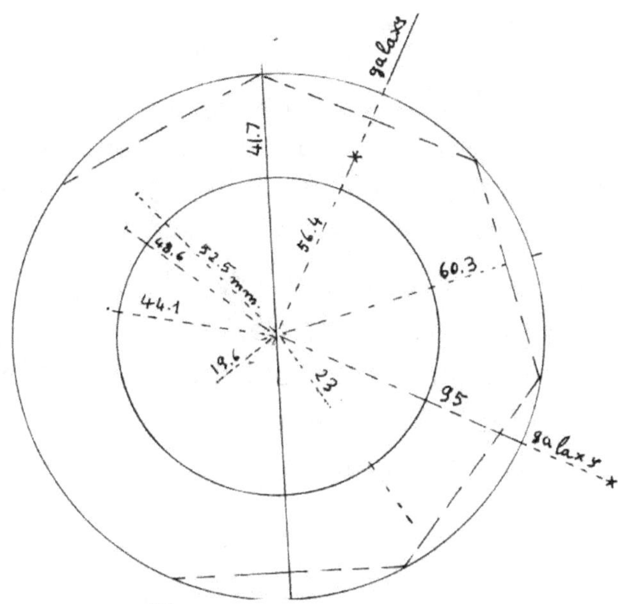

Fig.8-Iperspazio[22] con sei variabili.

Con l'uso di $\lambda=\dfrac{1\pm i\sqrt{27}}{2}$ $=\varrho e^{\pm i\varphi 0}$,$\varphi=79°.10660535$ e $\varrho=\sqrt{7}$.

In un sottospazio,la traccia si ottiene addizionando i due autovalori λ ,quindi

Traccia$=\sqrt{7}\ 2\cos 79°.10660535=0.999999859=$
$=3(0.333333286)=3f$

181f=**60.33**   125f=**41.66** $\Rightarrow$(181-125)f=**56f**   ,e si trovano altri punti :

n	181+n56	$\frac{f(181+n56)}{10}$	n	181+n56	f(181+n56)
7.25	587	19.6	22.75	1492	484.9$\propto$ 48.49
9.25	699	23.29	25	1581	526.9$\propto$ 52.69
11	796	26.56	27	1693	564.3$\propto$ 56.43
20.5	1329	44.29	47.75	2855	951.6$\propto$ 95.16

Nota: Ogni osservabile si ricava da un sistema lineare (E.Fermi-Notes on quantum mechanics)$\Rightarrow$dato un sis tema lineare che abbia due soluzioni,anche la loro dif ferenza[(181-125)f=**56f**] è soluzione.

Esercizio:Lato di eptagono

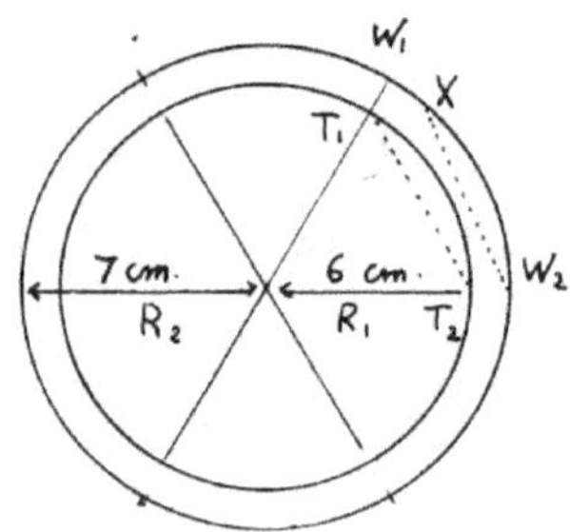

Fig.9-Nei cerchi ,i raggi sono proporzionali alle rispetti ve corde;

$XW_2=T_1T_2$=lato dell'eptagono se il raggio è 70mm.In effetti

$$\frac{R_2}{R_1} = \frac{W_1W_2}{T_1T_2} = \frac{7}{6} \Rightarrow \frac{W_1W_2-T_1T_2}{T_1T_2}=\frac{1}{6} \quad \text{ovvero} \quad \frac{XW_1}{XW_2} = \frac{1}{6} \; ,$$

allora $XW_2 = 6(XW_1)$.

Raggruppando dai sei settori sei segmenti uguali a XW_1 e mettendoli insieme si ottiene il lato mancante.

Sovrapposizione di spazi

$$R = A^2(1 - \cos\psi)/2 \quad , \quad R = A^2(\cosh\psi - 1)/2$$

Sono le famose equazioni di Friedmann[23] .Per avere sovrapposizione di due spazi distinti poniamo

1-cosψ=k(cosh ψ − 1) [e quindi cosh ψ=$\dfrac{1-\cos\psi}{k}$+1] ;

la derivata si scrive sinψ=ksinh ψ.

Tenendo presente che $\cosh^2\psi - \sinh^2\psi = 1$ avremo

$$\downarrow$$

$$[\frac{1+\cos^2\psi-2\cos\psi}{k^2} +1+ 2\,\frac{1-\cos\psi}{k}] - \frac{\sin^2\psi}{k^2}=1$$

$$\Rightarrow 2\frac{\cos^2\psi}{k^2} - 2\cos\psi\left(\frac{1}{k^2}+\frac{1}{k}\right)+\frac{2}{k}=0$$

$$2\cos^2\psi - 2\cos\psi(1+k) + 2k = 0$$

con soluzione cosψ=$\dfrac{(k+1)\pm(k-1)}{2}$=$\begin{cases}k\\1\end{cases}$ in accordo con sinωt=0 del disco volante(p.85).

Uragano Katrina[24] (p.15)

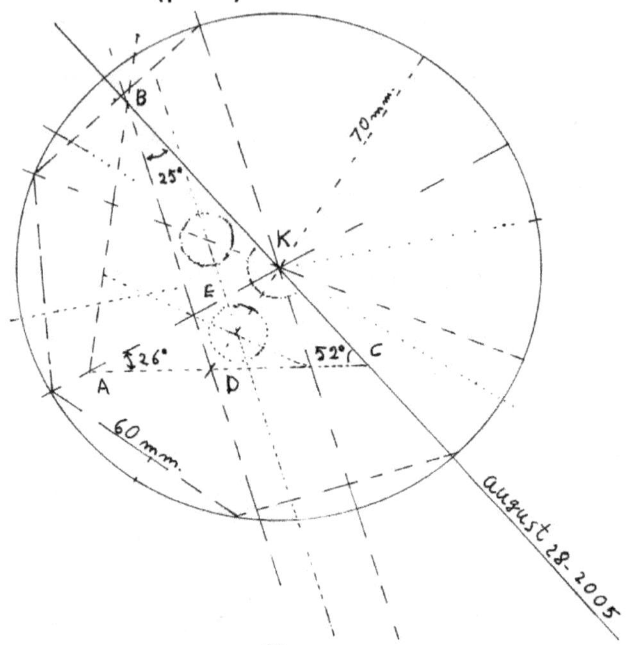

Fig.10-BCD-AED-ABC sono[25]   i triangoli di L.Danzer.

Esercizio[26]: una formula di Weyl

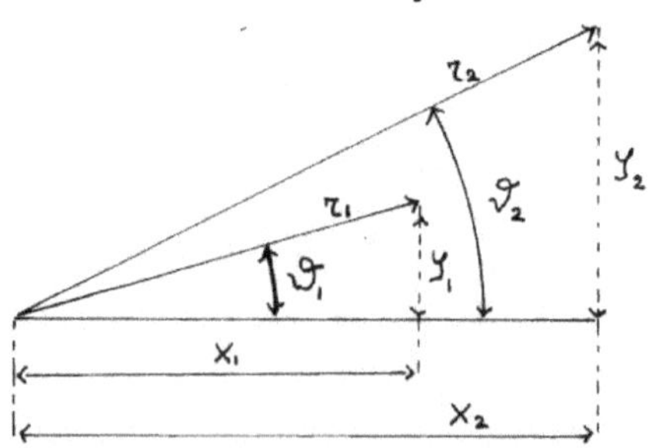

Fig.11-$\cos(\vartheta_1+\vartheta_2)$in coordinate cartesiane .

$$\cos\vartheta_1 = \frac{x_1}{\sqrt{x_1^2+y_1^2}} \quad \cos\vartheta_2 = \frac{x_2}{\sqrt{x_2^2+y_2^2}} \quad \sin\vartheta_1 = \frac{y_1}{\sqrt{x_2^2+y_2^2}} \quad \sin\vartheta_2 = \frac{y_2}{\sqrt{x_2^2+y_2^2}}$$

$$\Rightarrow \frac{x_1 x_2 - y_1 y_2}{\sqrt{x_1^2+y_1^2}\,\sqrt{x_2^2+y_2^2}} = \cos\vartheta_1\cos\vartheta_2 - \sin\vartheta_1\sin\vartheta_2$$

Ciclone[27] del 27 agosto 2011

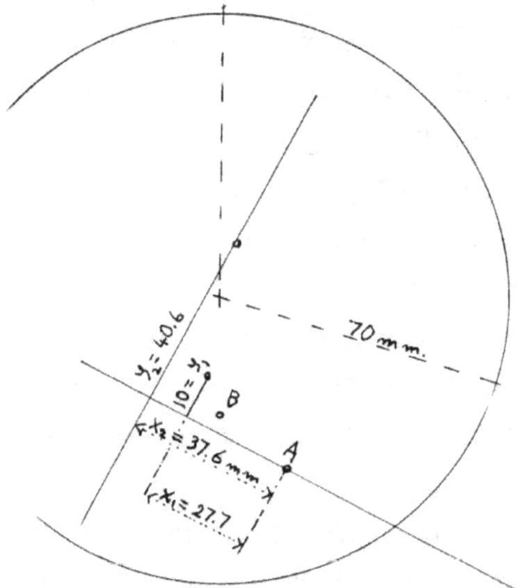

Fig.12-Dallo spostamento da A(=Haiti) a B(=Cuba) si ottiene la costante τ del ciclone.

Scala[28]

17mm|636.734 Km[28];

10mm|374.5494118 Km

$$y_2 = ae^{\tau x_2}\ , \ y_1 = ae^{\tau x_1} \Rightarrow \tau = \left(\ln\frac{y_2}{y_1}\right)\frac{1}{x_2-x_1} =$$

=0.141533634

Bibliografia

1-P.Brookesmith-UFO-The Complete Sightseeings-New York-Barnes&Noble Ed. 1955,p.161 .

2-J.A.Hynek J.Von Allee-UFO-Realtà Di Un Fenomeno-Milano-Edizioni Armenia 1979;oppure Scientific American-June 1955,p.19.

Wil Snitjer- Radio Controll Helicopters For The Practical Modelflyer-Guiford-England-R.M.Books 1983 .

3-G.Källen-Elementary Particle Physics- London-Wesley Publishing Company Inc 1964,p.511 .

L.I.Shiff-Quantum Mechanics-New York- Mc Graw Hill Book Company-1955,p.203. E.Fermi- Notes On Quantum Mechanics-University Of Chicago Press-1955,p.76

4-E.Cartan-The Theory Of Spinors-New York-Dover Publications Inc. 1981,p.72 .

5-A.Ghizzetti- Complementi Ed Esercizi di ANALISI MATEMATICA-Volume 2°Quarta Edizione 1966-67-Roma-Libreria Eredi Virgilio Veschi - Viale dell'Università 7 , p.437.

6-R.Bonola- Geometria Non Euclidea-Bologna-Ed.Zanichelli .

7-K-Croswell-Lone Star Infants:nella Rivista Astronomy –February 1966,p.37 .

8-P.Brookesmith- UFO – The Complete Sightseeings -

New York-Barnes & Noble Editions 1955 .

9-il MATTINO (Quotidiano)- Napoli – 28 agosto 2006.

10-E.Kreyszig-Differential Geometry-New York- Dover Publications Inc 1991,p.247 .

11-M.Cini-Introduzione alla<Meccanica Delle Particelle> -UTET –Torino 1968,p.101.

C.Kittel-Introduction To Solide State Physics-NewYork -John Wiley & Sons Ed.-Seventh Edition 1966, p.182.

12-M.J.Rees-Black Holes In Galactic Centers-Scientific American-November 1990,p.29 .

13-G.D.Bothum- The Ghostiest Galaxies- Scientific A -merican-February 1997,p.42 .

14-D.Barklay & T.M. Barklay-UFO's The Final Answer? London-Brandford Editions 1994 .

15-G.Herzberg-Atomic Structures-New York-Dover Pu blications Inc.

16-Scienza E Vita (Rivista)- Milano 9 Settembre 1992, p.34.

17-G.Romano-Introduzione All'Astronomia- Padova - Franco Muzzio Editore-1995.

18-M.Cavedon- Astronomia-Edizioni Mondadori Mila no 1980, p.125;p.126.

19-Ivan R.King-Globular Clusters-Scientific American June 1985,p.76.

Patrick Moore-il Guinness Dell'Astronomia-Biblioteca Universale Rizzoli-Milano 1990,p.225.

20-M.Gardner-Enigmi E Giochi Matematici-Volume 2°-Firenze-Ed.Sansoni 1961,p.60.

21-M.Senechal-Quasicrystals And Geometry- Cambridge University Press-new York 1955,p.64.

22-Le Scienze-Milano-Aprile 2007,p.40(Traduzione di "Scientific American".

23-J.Foster J.D.Nightingale-A Short Course In General Relativity-New York-Springer Verlag 1955,p.184.

24-TIME-Nature's Extremes-Time Inc 1271-Avenue Of Americas-New York 20020(Copertina).

25-M.Senechal-Quasicrystals And Geometry- Cambridge University Press-New York 1955,p.219.

26.H.Weyl-Space Time Matter-New York-Dover Publications Inc.

27-LA STAMPA(Quotidiano)- Torino -27 Agosto 2011, p.2

28-The World Almanac And Book Of Facts 1997-International BLVD 444,Mahawah-N.J. 07495 U.S.A.,p.485 .

29-M.Senechal-Quasicrystals And Geometry-Cambridge University Press-New York 1955,p.46 .

30-John G.Hocking G.Gail S.Young-Topology-Dover Publications Inc-New York 1988,p.363 .

Top quark e particelle fondamentali

Preambolo

In poche pagine abbiamo qui le espressioni necessa -
rie per un'introduzione ad una ricerca scientifica sulle
forze.Si può così trovare un esame moderno ed accu -
rato per uno sguardo d'insieme sull'intero argomen -
to.Contributo personale dell'autore è dato dall'uso di

una connessione antisimmetrica $\Gamma_{li}^{k}=\dfrac{\partial g_{kl}}{\partial \partial x_i}=g_{kl,i}$ e

di variabili dinamiche(p.16;p.18)(Y,I_3) matrici4x4. E'
un punto di partenza per ulteriori indagini.

Liberi-81040(Caserta)-Settembre 2005.

Elicità(=h)

Con opportuna di fase ,l'elicità è $h=\dfrac{\dot{x}}{\sqrt{\dot{x}^2+\dot{y}^2}}$ (p.110) .

Onde seguire un andamento periodico di h,poniamo
x=$\vartheta\cos\vartheta$

y=$\vartheta\sin\vartheta$;così $h=\dfrac{\cos\vartheta-\vartheta\sin\vartheta}{\sqrt{1+\vartheta^2}}\cong\dfrac{\cos\vartheta-\vartheta\sin\vartheta}{\vartheta}\Rightarrow$ da

h=1 $\vartheta=\dfrac{\cos\vartheta}{1+\sin\vartheta}$,se h=0 $\vartheta=\dfrac{1}{\tan\vartheta}$,con h= - 1 $\vartheta=\dfrac{\cos\vartheta}{\sin\vartheta-1}$.

Quando l'elicità è sottoposta ad un cambiamento up-

down,$\Delta\vartheta=\left|\dfrac{\cos\vartheta}{1+\sin\vartheta}-\dfrac{\cos\vartheta}{\sin\vartheta-1}\right|\Rightarrow\cos\vartheta=\dfrac{2}{\Delta\vartheta}=\dfrac{2}{\Delta r}$

essendo $\Delta r=\sqrt{x^2+y^2}$.   In pratica si disegna una linea la cui origine è il dato centro di forza.Misurando poi un opportuno Δr su di essa,questa formula dà valori crescenti di $\cos\vartheta$;quindi ϑ=r=(distanze dal centro)

Definizione:

$h=(\sigma_x\dot{x}+\sigma_y\dot{y})/\sqrt{\dot{x}^2+\dot{y}^2}$ con σ_x e σ_y matrici 2x2 di Pauli.

Taratura di h

Si pongono in una tabella i valori $x=\vartheta\cos\vartheta$ $y=\vartheta\sin\vartheta$,conϑ=498$\pm$k60 e si specificano[1] i valori zero ed uno in posizioni definite della traiettoria in esame(fig.2;p.90):

ϑ	$x=\vartheta\cos\vartheta$	$y=\vartheta\sin\vartheta$	$\dfrac{24\vartheta}{498}$	h
498	-370.09	+333.23		
558	-550.69	-172.4	$\dfrac{24(558)}{498}=27$	0
618	-128.49	-604.5	$\dfrac{24(618)}{498}=$**30mm.**	
678	+503.85	-453.67	32.67	
738	-701.88	+228.05	35.56	1
993	+51.96	-991.6	47.85 $\cong$ **48mm.**	
1458	+473.73	+450.54	70.26 $\cong$ **70mm.**	
2615.5	-250.68	+2603.4	126.04 mm.	
14566.5	-590.16	+300.48	702mm	

Matrici per spin

A ciascun valore dello spin corrisponde una matrice,ossia un differente sistema di equazioni.Lo spin può assumere i valori $\frac{1}{2}, 1, \frac{3}{2}$...

Con la seconda e terza potenza della matrice $\begin{vmatrix} a & 1 \\ 0 & a^{-1} \end{vmatrix}$,date rispettivamente da $\begin{vmatrix} a^2 & a+a^{-1} \\ 0 & a^{-2} \end{vmatrix}$ e $\begin{vmatrix} a^3 & a^2+1+a^{-2} \\ 0 & a^{-3} \end{vmatrix}$

In cui a=$e^{2is\vartheta}$,si ottiene $e^{i\vartheta}+e^{-i\vartheta}$=2cos$\vartheta$ ad s=$\frac{1}{2}$

$$a^{2i\vartheta}+1+e^{-2i\vartheta}=1+2\cos\vartheta \quad \text{se s=1}$$

e così via[2] .

Queste espressioni si pongono come tracce in matrici multidimensionali,2x2,3x3 ....La traccia di una matrice è la somma dei numeri che si trovano sulla diagonale principale e si dice carattere.Esempio,matrici 2x2 :

$$A^{\frac{1}{2}}_{m'm} = \begin{vmatrix} \cos\beta & x \\ y & \cos\beta \end{vmatrix}$$

La matrice[3] deve avere la proprietà $AA^+ = I$,se A^+ si ottiene cambiando le righe con le colonne:

$$\begin{vmatrix} \cos\beta & x \\ y & \cos\beta \end{vmatrix}\begin{vmatrix} \cos\beta & y \\ x & \cos\beta \end{vmatrix}=$$

$$\begin{vmatrix} \cos^2\beta+x^2 & y\cos\beta+x\cos\beta \\ y\cos\beta+x\cos\beta & y^2+\cos^2\beta \end{vmatrix};$$

$\Rightarrow$x=-y e traccia=2=2($\cos^2\beta+x^2$).

Matrici 3x3

Pensando ad una rotazione nello spazio tridimensio-
nale, ne prendiamo la traccia (collegata al carattere)

$$\begin{bmatrix} cos\vartheta & 0 & sin\vartheta \\ 0 & 1 & 0 \\ -sin\vartheta & 0 & cos\vartheta \end{bmatrix} \Rightarrow \begin{bmatrix} \dfrac{1+cos\vartheta}{2} & x & y \\ w_2 & cos\vartheta & -w_1 \\ y^+ & -x & \dfrac{1+cos\vartheta}{2} \end{bmatrix} =$$

$$\begin{bmatrix} f_1 & x & y \\ w_2 & f_2 & -w_1 \\ y^+ & -x & f_3 \end{bmatrix} = \begin{bmatrix} f_1 & 0 & y \\ 0 & f_2 & 0 \\ y^+ & 0 & f_3 \end{bmatrix} + \begin{bmatrix} 0 & x & 0 \\ w_2 & 0 & -w_1 \\ 0 & -x & 0 \end{bmatrix} =$$

=M+N.Come prima operazione si ha il vincolo
MN=NM,il che vuol dire che un punto dello spazio si
raggiunge con due percorsi differenti:

$$MN = \begin{bmatrix} 0 & f_1 x - xy & 0 \\ f_2 w_2 & o & -f_2 w_1 \\ 0 & y^+ x - f_3 x & 0 \end{bmatrix} =$$

$$\begin{bmatrix} 0 & x f_2 & 0 \\ w_2 f_1 - w_1 y^+ & 0 & y w_2 - w_1 f_3 \\ 0 & -x f_2 & 0 \end{bmatrix}.$$ Questa uguaglianza

implica

$$f_1 x - xy = x f_2 \Rightarrow y = f_1 - f_2 = \frac{1+cos\vartheta}{2} - cos\vartheta = \frac{1-cos\vartheta}{2}$$
$$y^+ x - f_3 x = -f_2 x \Rightarrow y^+ = f_3 - f_2 = f_1 - f_2 = y$$
$$y w_2 - w_1 f_3 = -f_2 w_1 \Rightarrow w_1(f_2 - f_2) = y w_2 \ ; w_1 = w_2.$$
$$f_2 w_2 = w_2 f_1 - w_1 y^+ \Rightarrow w_2(f_1 - f_2) = y^+ w_1 ; w_2 = w_1 \ .$$

$$A^1_{m'm} = \begin{bmatrix} \dfrac{1+\cos\vartheta}{2} & x & \dfrac{1-\cos\vartheta}{2} \\ w_1 & \cos\vartheta & -w_1 \\ \dfrac{1-\cos\vartheta}{2} & -x & \dfrac{1+\cos\vartheta}{2} \end{bmatrix}$$

La normalizzazione della prima colonna si esprime con

$$\left(\frac{1+\cos\vartheta}{2}\right)^2 + w_1^2 + \left(\frac{1-\cos\vartheta}{2}\right)^2 = 1 \;\Rightarrow\; w_1^2 = \frac{\sin^2\vartheta}{2} \;.$$

La prima riga con la sua normalizzazione fornisce $x^2 = w_1^2$.

Dalla scelta del segno di x dipende l'ortogonalità di due colonne di

$A^1_{m'm}$;per esempio :

$$x\left(\frac{1+\cos\vartheta}{2}\right) + w_1\cos\vartheta - x\left(\frac{1-\cos\vartheta}{2}\right)=0 \;.\text{Notare:}$$

$$\begin{bmatrix} f_1 & x_1 & y \\ w_2 & f_2 & -w_1 \\ y^+ & x_2 & f_3 \end{bmatrix} \begin{bmatrix} 0 & 0 & 1 \\ 0 & 1 & 0 \\ -1 & 0 & 0 \end{bmatrix} = \begin{bmatrix} -y & x_1 & f_1 \\ w_1 & f_2 & w_2 \\ -f_3 & x_2 & y^+ \end{bmatrix}$$

Top quark

Consideriamo i caratteri

Spin $\dfrac{1}{2}$ $\chi_{\frac{1}{2}} = 2\cos\vartheta$

Spin 1 χ_1 =1+2cosϑ

Spin $\dfrac{3}{2}$ $\chi_{\frac{3}{2}}$ =2(cosϑ+cos3ϑ)

Spin 2 χ_2 =2(cos4ϑ+cos2ϑ)+1

Dall'uguaglianza $\quad\quad \chi_2 = k\chi_1$ si $\quad\quad\quad$ ha

2cos4ϑ+(1+2cosϑ)=k(1+2cos2ϑ) ;

2cos4ϑ=(k-1)(1+2cosϑ) ovvero $2(2cos^2 2\vartheta - 1) = k'(1 + 2cos2\vartheta)$

$\Rightarrow$cos2ϑ=$\dfrac{k'\pm\sqrt{k'^2+4(k'+2)}}{4}$ e la soluzione con k'=-2 è

cos2ϑ=0$\Rightarrow tan\vartheta=\pm1$ $\quad\quad$ .Introducendo $\quad \vartheta$=3φ,

3φ=$\pm$45$\pm n$180 ; φ=15-n60

-45	-405	-765	-1125	-1455	-1815	-2175
-105	-465	-825	-1185	-1515	-1875	-2235
-165	-525	-885	-1215	-1575	-1935	**t=-2295**
-225	-585	-945	-1275	-1635	**-1995=t**	
-285	-645	-1005	-1335	**-1695=t(top quark)**		
-345	-705	-1065	-1395	**-1755**		

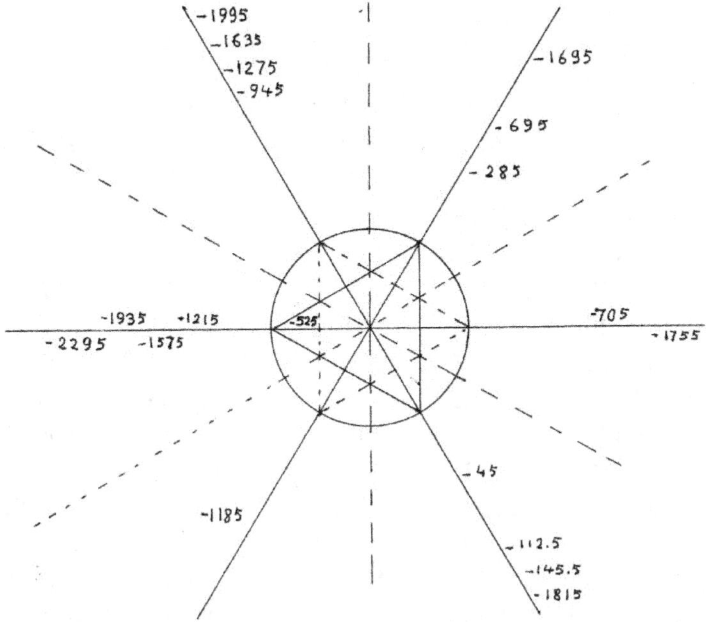

Fig.1-Top quark.

$\tan\vartheta = \pm 1$, $\vartheta = 3\varphi$ $\Rightarrow 3\varphi = \pm 45 \pm n180$; $\varphi = 15 - n60$

Vari scienziati suggeriscono 175.500 come top quark e ciò implica una connessione periodica tra 169.500 e 175.500.

Particelle fondamentali

$\vartheta = \pm 45 \pm n180$ (p.114) [altro approccio(p.150)].
a)Tabella*   : $-45 \pm n180$;- 45+180=135

135	4995	9855	14715$\Delta_{7/2}$1939.5	$\Delta_{11/2}$2447.5	29155
315	5175	10035	14895	19575	24655	29335
495	5355 η1021.5	15075	19755	24835	29515
855	5535	10575 $\Lambda_{3/2}$1525.5	19935	25015	29695
1035	5715	10755	15435	20115	25195	29875
1215	5895	10935	15615	20295	25375	30055
1395	6075	11115	15795	20475	25555	30235
1575	6255	11295	15975	20655	25735	30415
1755	6435	11475	16155	20835	25915	30595
1935	6615	11655	16335	21015	26095	30775
2115	6795	11835	16515	21195	26275	30775
2295	7155	12015 $\Sigma_{3/2}$1669.5	21375	26455	30955
2475	7335	12195 $N_{5/2}$1687.5	21555	26635	31135
2655π751.5 $\Delta^{+}_{3/2}$1237.5 17055	21735	26815	31315
2835	7695 η1255.5	17235	21915	26995	31495
3015	7875	12735 $\Sigma_{5/2}$17415	22095	27175	31675
3195	8055	12915 $\Sigma_{5/2}$1759.5	22275	27355	31855
3375	8235	13095	17775	22455	27535	32035
3555	8415	1327.5	17955	22635	27715$\Delta_{19/2}$3221.5
3735	8595	13455$\Lambda_{5/2}$1813.5	22815	27895
3915	8775	13635	18315	22995	28075
4095	8955	1381.5	18495	23175	28255
4275	9135	13995	18675	23755	28435
4455	9315	14175	18855	23935 $\Delta_{15/2}$ 2861.5
4635	9495	14355	19035	24115	28795
4815	9675	14535	19215	24295	28975

*a)Chew Gell-Mann Rosenfeld - Scientific American − Febr.1964.
b)E.Segré-Nuclei E Particelle,p.626;c)Cornwell,p.251.d)Huang,p.312

b)Tabella* :   45 + n180

45 2565 5385 7725 10065$\Delta_{\frac{3}{2}}^{++}$1238.5 14725 17065

225 2745 5565 7905η1024.   1256.5 14905 17245

405 3405 5745 8085 10425   12740 15085 17425

585 3585 5925 8265 10605   12925$\Lambda_{\frac{3}{2}}$1526. 1760.5

945 3765 6105 8445 10785   13105 15445 17785

1125 3945 6285 8625 10965   1328.   15625 17965

1305 4125 6465 880 $\Lambda_{\frac{1}{2}}^{0}$1114.   13465 15805$\Lambda_{\frac{5}{2}}$1814

1485 4305 6645 K898. 11325   13645 15985

1665 4485 6825 9165 11505$\Sigma_{3/2}$1383. 16165

1845 4665 7005 9345 11685   14005 16345

2025 484. 7185 9525$\Sigma_{\frac{1}{2}}^{+}$1184. 14185 16525

2205 5025 7365 9705 12025   14365$\Omega_{1/2}^{-}$1670.5

2385 5205π754 . 9885   12205   14545$N_{5/2}$1688.5

....

Valori medi: $\pi^{\pm}$=139.5 $\Sigma_{5/2}$=1755 ϱ=691.5 η=781.5
K=889.5 Σ^{-} =1193.5 $\Xi_{1/2}$=1319 Λ=1409.5   .
Huang propone la serie di livelli M della particella Δ
dati da J=0.15+0.9M^{2},con M espresso in GeV e
J=$\frac{3}{2}$, $\frac{7}{2}$, $\frac{11}{2}$, $\frac{15}{2}$, $\frac{19}{2}$
$M^{2} = (1.236\ GeV)^{2}\ 1.928^{2}\ 2.441^{2}\ 2.853^{2}\ 3.224^{2}$

*Chew Gell-Mann Rosenfeld-Scientific American-February 1964. Huang – Quarks,Leptons & Gauge Fields2nd Edition-World Scientific Ed.-New Jersey-London 1992,p.312 .

Angolo di Cabibbo2

Dal prodotto delle seguenti tre rotazioni

$$\begin{bmatrix} c_3 & s_3 & 0 \\ -s_3 & c_3 & 0 \\ 0 & 0 & 1 \end{bmatrix}\begin{bmatrix} c_1 & 0 & s_1 \\ 0 & y & 0 \\ -s_1 & 0 & c_1 \end{bmatrix}\begin{bmatrix} 1 & 0 & 0 \\ 0 & c_2 & s_2 \\ 0 & -s_2 & c_2 \end{bmatrix} =$$

$$=\begin{bmatrix} c_3 & s_3 & 0 \\ -s_3 & c_3 & 0 \\ 0 & 0 & 1 \end{bmatrix}\begin{bmatrix} c_1 & -s_1 s_2 & s_1 c_2 \\ 0 & y c_2 & y s_2 \\ -s_1 & -c_1 s_2 & c_1 c_2 \end{bmatrix} =$$

$$=\begin{bmatrix} c_3 c_1 & -c_3 s_1 s_2 + s_3 y c_2 & c_3 s_1 c_2 + s_3 y s_2 \\ -s_3 c_1 & s_3 s_1 s_2 + c_3 y c_2 & -s_3 c_1 c_2 + c_3 y s_2 \\ -s_1 & -c_1 s_2 & c_1 c_2 \end{bmatrix} \quad \text{in} \quad \text{cui}$$

$y=e^{i\delta}$,

si estrae la matrice

$$\begin{bmatrix} 0 & -c_3 s_1 s_2 + s_3 c_2 & c_3 s_1 c_2 + s_3 s_2 \\ -s_3 c_1 & 0 & 0 \\ -s_1 & 0 & 0 \end{bmatrix} \text{con}$$

$s_3 c_1 = s_1$; $- c_3 s_1 s_2 + s_3 c_2 = c_3 s_1 c_2 + s_3 s_2$.

Per angoli complementari a quelli ora usati, $c \rightleftarrows s$ cioè

$\cos \rightleftarrows \sin$, $c_3 s_1 = c_1 \Rightarrow \tan\varphi_1 = 1/c_3$;

$-(s_3 c_1)c_2 + c_3 s_2 = (s_3 c_1)s_2 + c_3 c_2. \Rightarrow$

$s_3 c_1 (c_2 + s_2) = c_3 (s_2 - c_2) \Rightarrow \tan\varphi_3 = \dfrac{\tan\varphi_2 - 1}{c_1(\tan\varphi_2 + 1)}$

Con $\varphi_3 = 45°$ si ha $\tan\varphi_1 = \sqrt{2}$, $\varphi_1 =$
54.°.73561032 $\pm$ $k180°$;

$|\varphi_1 - 180°| = 125°.264...$

L'angolo di Cabibbo è $\emptyset = \dfrac{1}{10}|\varphi_1 - !80°|$

Coefficienti di Clebsch-Gordan con $J=\dfrac{5}{2}$

Per il gruppo unitario con due variabili è necessario

introdurre i vettori $\Lambda_{jm} = \dfrac{z_1^{j+m} z_2^{j-m}}{\sqrt{(j+m)!(j-m)!}}$ come basi[6] a

valori differenti dello spin;

e $\quad -j \leq m \leq +j$ .Allora,se j=1 questi Λ_{jm} sono:

$$\frac{z_1^2}{\sqrt{2}} \quad z_1 z_2 \quad \frac{z_2^2}{\sqrt{2}} \quad \Leftrightarrow \quad \left|\begin{matrix}1\\1\end{matrix}\right| \ \left|\begin{matrix}1\\0\end{matrix}\right| \left|\begin{matrix}1\\-1\end{matrix}\right| \ \Leftrightarrow \pi^+ \pi^0 \pi^-$$

Quando j=$\dfrac{3}{2}$

$$\frac{z_1^3}{\sqrt{6}} \ \frac{z_1^2 z_2}{\sqrt{2}} \ \frac{z_1 z_2^2}{\sqrt{2}} \ \frac{z_2^3}{\sqrt{6}} \quad \Leftrightarrow \quad \left|\begin{matrix}3/2\\3/2\end{matrix}\right| \left|\begin{matrix}3/2\\1/2\end{matrix}\right| \left|\begin{matrix}3/2\\-1/2\end{matrix}\right| \left|\begin{matrix}3/2\\-3/2\end{matrix}\right|$$

Per definizione $\left|\begin{matrix}5/2\\5/2\end{matrix}\right| = \left|\begin{matrix}1\\1\end{matrix}\right|\left|\begin{matrix}3/2\\3/2\end{matrix}\right|$,e con una

trasformazione lineare delle tre basi,questa uguaglianza si scrive

$$\frac{(az_1+bz_2)^5}{\sqrt{8(15)}} = \frac{(aw_1+bw_2)^2}{\sqrt{2}} \frac{(an_1+bn_2)^3}{\sqrt{6}} =$$

$$\left[\left(a^2 \left|\begin{matrix}1\\1\end{matrix}\right| + b^2 \left|\begin{matrix}1\\-1\end{matrix}\right| + \sqrt{2}ab\left|\begin{matrix}1\\0\end{matrix}\right|\right) \cdot\right.$$

$$\left.\cdot\left(a^3 \left|\begin{matrix}3/2\\3/2\end{matrix}\right| + \sqrt{\frac{3}{2}} a^2 b\sqrt{2} \left|\begin{matrix}3/2\\1/2\end{matrix}\right| + \sqrt{3}ab^2 \left|\begin{matrix}3/2\\-1/2\end{matrix}\right| + b^3 \left|\begin{matrix}3/2\\-3/2\end{matrix}\right|\right)\right]$$

$$\frac{(az_1+bz_2)^5}{\sqrt{8(15)}} = \frac{1}{\sqrt{8(15)}} (a^5 z_1^5 + 5a^4 b z_1^4 z_2 + 10a^3 b^2 z_1^3 z_2^2 +$$

$$10a^2 b^3 z_1^2 z_2^3 + 5ab^4 z_1 z_2^4 + b^5 z_2^5) \ .$$

Un confronto dei termini simili ad ambo i membri

dell'eguaglianza rivela che $\left|\begin{matrix}5/2\\5/2\end{matrix}\right| = \dfrac{z_1^5}{\sqrt{8(15)}} = \left|\begin{matrix}1\\1\end{matrix}\right|\left|\begin{matrix}3/2\\3/2\end{matrix}\right|$

$$\frac{5}{\sqrt{8(15)}}z_1^4 z_2 = \begin{vmatrix}1\\1\end{vmatrix}\sqrt{3}\begin{vmatrix}3/2\\1/2\end{vmatrix} + \sqrt{2}\begin{vmatrix}1\\0\end{vmatrix}\begin{vmatrix}3/2\\3/2\end{vmatrix}$$

$$\Rightarrow \frac{z_1^4 z_2}{2\sqrt{6}} = \sqrt{\frac{3}{5}}\begin{vmatrix}1\\1\end{vmatrix}\begin{vmatrix}3/2\\1/2\end{vmatrix} + \sqrt{\frac{2}{5}}\begin{vmatrix}1\\0\end{vmatrix}\begin{vmatrix}3/2\\3/2\end{vmatrix}$$

$$\frac{10}{\sqrt{8(15)}}z_1^3 z_2^2 = \sqrt{3}\begin{vmatrix}1\\1\end{vmatrix}\begin{vmatrix}3/2\\-1/2\end{vmatrix} + $$

$$\begin{vmatrix}1\\-1\end{vmatrix}\begin{vmatrix}3/2\\3/2\end{vmatrix} + \sqrt{6}\begin{vmatrix}1\\0\end{vmatrix}\begin{vmatrix}3/2\\1/2\end{vmatrix}$$

$$\Rightarrow \frac{z_1^3 z_2^2}{2\sqrt{3}} = \sqrt{\frac{3}{10}}\begin{vmatrix}1\\1\end{vmatrix}\begin{vmatrix}3/2\\-1/2\end{vmatrix} + \sqrt{\frac{1}{10}}\begin{vmatrix}1\\-1\end{vmatrix}\begin{vmatrix}3/2\\3/2\end{vmatrix} + \sqrt{\frac{6}{10}}\begin{vmatrix}1\\0\end{vmatrix}\begin{vmatrix}3/2\\1/2\end{vmatrix}$$

$$\frac{10}{\sqrt{8(15)}}z_1^2 z_2^3 = \begin{vmatrix}1\\1\end{vmatrix}\begin{vmatrix}3/2\\-3/2\end{vmatrix} + \sqrt{6}\begin{vmatrix}1\\0\end{vmatrix}\begin{vmatrix}3/2\\-1/2\end{vmatrix} + \sqrt{3}\begin{vmatrix}1\\-1\end{vmatrix}\begin{vmatrix}3/2\\1/2\end{vmatrix}$$

$$\Rightarrow \frac{1}{2\sqrt{3}}z_1^2 z_2^3 = \sqrt{\frac{1}{10}}\begin{vmatrix}1\\1\end{vmatrix}\begin{vmatrix}3/2\\-3/2\end{vmatrix} + \sqrt{\frac{6}{10}}\begin{vmatrix}1\\0\end{vmatrix}\begin{vmatrix}3/2\\-1/2\end{vmatrix}$$

$$+ \sqrt{\frac{3}{10}}\begin{vmatrix}1\\-1\end{vmatrix}\begin{vmatrix}3/2\\1/2\end{vmatrix}$$

$$\frac{5}{\sqrt{8(15)}}z_1 z_2^4 = \sqrt{2}\begin{vmatrix}1\\0\end{vmatrix}\begin{vmatrix}3/2\\-3/2\end{vmatrix} + \sqrt{3}\begin{vmatrix}1\\-1\end{vmatrix}\begin{vmatrix}3/2\\-1/2\end{vmatrix}$$

$$\Rightarrow \frac{z_1 z_2^4}{2\sqrt{6}} = \sqrt{\frac{2}{5}}\begin{vmatrix}1\\0\end{vmatrix}\begin{vmatrix}3/2\\-3/2\end{vmatrix} + \sqrt{\frac{3}{5}}\begin{vmatrix}1\\-1\end{vmatrix}\begin{vmatrix}3/2\\-1/2\end{vmatrix} \qquad ;$$

$$\frac{z_2^5}{\sqrt{8(15)}} = \begin{vmatrix}1\\-1\end{vmatrix}\begin{vmatrix}3/2\\-3/2\end{vmatrix}$$

Mostriamo in tabella i coefficienti C.G. ora trovati[8] :

$\begin{matrix} J \\ M \end{matrix}$	$\begin{matrix} 5/2 \\ 5/2 \end{matrix}$	$\begin{matrix} 5/2 \\ 3/2 \end{matrix}$	$\begin{matrix} 3/2 \\ 3/2 \end{matrix}$	$\begin{matrix} 5/2 \\ 1/2 \end{matrix}$	$\begin{matrix} 3/2 \\ 1/2 \end{matrix}$	$\begin{matrix} 1/2 \\ 1/2 \end{matrix}$
$m_1\ m_2$						
$\begin{matrix} 1 \\ 1 \end{matrix}\begin{matrix} 3/2 \\ 3/2 \end{matrix}$	1	$\downarrow$	$\downarrow$	$\downarrow$		
$\begin{matrix} 1 \\ 0 \end{matrix}\begin{matrix} 3/2 \\ 3/2 \end{matrix}$		$\sqrt{\tfrac{2}{5}}$	x	$\downarrow$		
$\begin{matrix} 1 \\ 1 \end{matrix}\begin{matrix} 3/2 \\ 1/2 \end{matrix}$		$\sqrt{\tfrac{3}{5}}$	y	$\downarrow$		
$\begin{matrix} 1 \\ -1 \end{matrix}\begin{matrix} 3/2 \\ 3/2 \end{matrix}$				$\sqrt{\tfrac{1}{10}}$	y_1	z_1
$\begin{matrix} 1 \\ 0 \end{matrix}\begin{matrix} 3/2 \\ 1/2 \end{matrix}$				$\sqrt{\tfrac{6}{10}}$	y_2	z_2
$\begin{matrix} 1 \\ 1 \end{matrix}\begin{matrix} 3/2 \\ -1/2 \end{matrix}$				$\sqrt{\tfrac{3}{10}}$	y_3	z_3

....

$\begin{matrix} J \\ M \end{matrix}$	$\begin{matrix} 5/2 \\ -1/2 \end{matrix}$	$\begin{matrix} 3/2 \\ -1/2 \end{matrix}$	$\begin{matrix} 1/2 \\ -1/2 \end{matrix}$	$\begin{matrix} 5/2 \\ -3/2 \end{matrix}$	$\begin{matrix} 5/2 \\ -3/2 \end{matrix}$	$\begin{matrix} 5/2 \\ -5/2 \end{matrix}$
$\begin{matrix} 1 \\ -1 \end{matrix}\begin{matrix} 3/2 \\ 1/2 \end{matrix}$	$\sqrt{\tfrac{3}{10}}$	p_1	n_1	$\downarrow$		
$\begin{matrix} 1 \\ 0 \end{matrix}\begin{matrix} 3/2 \\ -1/2 \end{matrix}$	$\sqrt{\tfrac{6}{10}}$	p_2	n_2	$\downarrow$		
$\begin{matrix} 1 \\ 1 \end{matrix}\begin{matrix} 3/2 \\ -3/2 \end{matrix}$	$\sqrt{\tfrac{1}{10}}$	p_3	n_3	$\downarrow$		
$\begin{matrix} 1 \\ -1 \end{matrix}\begin{matrix} 3/2 \\ -1/2 \end{matrix}$				$\sqrt{\tfrac{3}{5}}$	z	
$\begin{matrix} 1 \\ 0 \end{matrix}\begin{matrix} 3/2 \\ -3/2 \end{matrix}$				$\sqrt{\tfrac{2}{5}}$	t	
$\begin{matrix} 1 \\ -1 \end{matrix}\begin{matrix} 3/2 \\ -3/2 \end{matrix}$						1

$$\sqrt{\frac{2}{5}}\,x+\sqrt{\frac{3}{5}}\,y = 0, \quad x^2 + y^2 = 1 \Rightarrow y = -\sqrt{\frac{2}{5}}\;; x=\sqrt{\frac{3}{5}}, z=\sqrt{\frac{2}{5}},$$

$$t=-\sqrt{\frac{3}{5}}$$

Dopo la rotazione seguente intorno all'asse z

$$\begin{bmatrix} 0 & 0 & 1 \\ 0 & 1 & 0 \\ -1 & 0 & 0 \end{bmatrix} \begin{bmatrix} \sqrt{1/10} & y_1 & z_1 \\ \sqrt{6/10} & y_2 & z_2 \\ \sqrt{3/10} & y_3 & z_3 \end{bmatrix} = \begin{bmatrix} \sqrt{3/10} & y_3 & z_3 \\ \sqrt{\frac{6}{10}} & y_2 & z_2 \\ -\sqrt{1/10} & -y_1 & -z_1 \end{bmatrix}$$

A causa della simmetria nella matrice risultante ,

$$-z_1 = k\sqrt{\frac{3}{10}} \quad \text{in cui } k<0 \;, z_3 = -k\sqrt{\frac{1}{10}} \qquad e$$

$$z_1\sqrt{\frac{1}{10}} + z_2\sqrt{\frac{6}{10}} + z_3\sqrt{\frac{3}{10}} = 0 \qquad z_1^2 + z_2^2 + z_3^2 = 1 \quad .$$

Sostituendo in queste uguaglianze i valori di z_1 e z_3

$$\frac{-k\sqrt{3}}{10} + z_2\sqrt{\frac{6}{10}} - k\frac{\sqrt{3}}{10} = 0 \Rightarrow k^2 = 5z_2^2$$

$$k^2\frac{3}{10} + z_2^2 + \frac{k^2}{10} = 1 \qquad\qquad \Rightarrow k^2\frac{2}{5} = 1 - z_2^2 \quad ;\text{quindi}$$

$$\frac{2}{5} = \frac{1-z_2^2}{5z_2^2} \qquad z_2 = \pm\frac{1}{\sqrt{3}} \quad .$$

Come risultato abbiamo $\quad k=-\sqrt{\frac{5}{3}}\;; z_1 = \frac{1}{\sqrt{2}}\;, z_3 = \frac{1}{\sqrt{6}}$

La terza colonna della matrice è ortogonale alla prima; quindi $z_2 = -\frac{1}{\sqrt{3}}$.   Poi, da p.121 :

$$\begin{bmatrix} \sqrt{1/10} & y_1 & \sqrt{1/2} \\ \sqrt{3/5} & y_2 & -\sqrt{1/3} \\ \sqrt{3/10} & y_3 & \sqrt{1/6} \end{bmatrix} = M \; con \; MM^+ = I$$

A causa di questa proprietà di M, nel prodotto MM^+ si trova sempre il numero uno sulla diagonale principale:

$$\frac{1}{10} + y_1^2 + \frac{1}{2} = 1 \;\; ; \;\; \frac{3}{5} + y_2^2 + \frac{1}{3} = 1 \;\;\; ; \frac{3}{10} + y_3^2 + \frac{1}{6} = 1 \; .$$

Assumiamo $y_1 = \sqrt{\frac{2}{5}}, \;\; y_2 = \varepsilon_1 \frac{1}{\sqrt{15}}, \; y_3 = \varepsilon_2 \sqrt{\frac{8}{15}}$.

Prodotto delle prime due colonne di M è $\frac{1}{5} + \frac{\varepsilon_1}{5} + \frac{2\epsilon_2}{5} = 0$

quando $\varepsilon_1 = 1$ ed $\varepsilon_2 = -1$ .Analogamente

$$\begin{vmatrix} \sqrt{\frac{2}{5}} & x \\ \sqrt{\frac{3}{5}} & y \end{vmatrix} \begin{vmatrix} \sqrt{\frac{2}{5}} & \sqrt{\frac{3}{5}} \\ x & y \end{vmatrix} (p.117); \frac{2}{5} + x^2 = 1, \frac{3}{5} + y^2 = 1$$

$$\Rightarrow x = \sqrt{\frac{3}{5}} \; , \; y = -\sqrt{\frac{2}{5}}$$

Applicazione:la particella $\Omega^-(1672) MeV$

Nella tabella con j=$\frac{5}{2}$,intervengono altre espressioni con j=$\frac{3}{2}$ .Così occorre combinare[9] $\frac{1}{2}$ e 1, cioè p=protone ed n=neutrone con $\pi^+\pi^0\pi^-$ (mesoni).

Possiamo tra poco elencare i primi coefficienti:

$\left|{J\atop M}\right|$	m_1	m_2	$\left|{3/2\atop 3/2}\right|$	$\left|{3/2\atop 1/2}\right|$	$\left|{1/2\atop 1/2}\right|$	$\left|{1/2\atop -1/2}\right|$	$\left|{3/2\atop -1/2}\right|$	$\left|{3/2\atop -3/2}\right|$
$p\pi^+$	$\frac{1}{2}$	1	1	↓	↓	↓	↓	
$n\pi^+$	$-\frac{1}{2}$	1		$\sqrt{\frac{1}{3}}$	x	↓	↓	
$p\pi^0$	$\frac{1}{2}$	0		$\sqrt{\frac{2}{3}}$	y	↓	↓	
$n\pi^0$	$-\frac{1}{2}$	0				z	$\sqrt{\frac{2}{3}}$	
$p\pi^0$	$\frac{1}{2}$	-1				t	$\sqrt{\frac{1}{3}}$	
$n\pi^-$	$-\frac{1}{2}$	-1						1

In modo simile al caso precedente si pone

$\left|{3/2\atop 3/2}\right|$=p$\pi^+$=$\dfrac{z_1^2}{\sqrt6}$ e quindi

$$\frac{(aw_1+bw_2)^3}{\sqrt6}=(ap+bn)(az_1+bz_2)^2/\sqrt2=$$

$$=(ap+bn)(a^2\pi^++\sqrt2\,ab\pi^0+b^2\pi^-)=a^3 p\pi^+ +b^3 n\pi^- +$$

$$a^2 b(\sqrt2\,p\pi^0+n\pi^+)+ab^2(p\pi^-+\sqrt2\,n\pi^0)\ .$$

Dal confronto di ambo i membri dell'uguaglianza,si ha

$$n\pi^+ +\sqrt2\,p\pi^0 = \frac{3}{\sqrt6}w_1^2 \;\Rightarrow\; \frac{w_1^2 w_2}{\sqrt2} = \frac{1}{\sqrt3}n\pi^+ +\sqrt{\frac{2}{3}}\,p\pi^0 = \left|{3/2\atop 1/2}\right|$$

$$p\pi^- + \sqrt{2}\,n\pi^0 = \frac{3}{\sqrt{6}}\,w_1 w_2^2$$

$$\Rightarrow \frac{w_1 w_2^2}{\sqrt{2}} = \sqrt{\tfrac{1}{3}}\,p\pi^- + \sqrt{\tfrac{2}{3}}\,n\pi^0 = \left|\begin{matrix} 3/2 \\ -1/2 \end{matrix}\right|$$

$x = \sqrt{\tfrac{2}{3}}$, $y = -\sqrt{\tfrac{1}{3}}$, $t = -\sqrt{\tfrac{2}{3}}$, $z = \sqrt{\tfrac{1}{3}}$ .Allora   dalla

tabella dei coefficienti C.G.(p.126) si ricava

$$\left|\tfrac{1}{2}\tfrac{1}{2}\right> = \sqrt{\tfrac{2}{3}}\,n\pi^+ - \sqrt{\tfrac{1}{3}}\,p\pi^0 =$$

$$0.816(139)(939) - 0.577(135)938 = 33439.626 \cong$$

$1672(19.9997) \propto \Omega^-(1672)$, particella predetta teoricamente da Gell'Mann(Premio Nobel).

$$\left|\tfrac{1}{2} \ -\tfrac{1}{2}\right> = \sqrt{\tfrac{1}{3}}\,n\pi^0 - \sqrt{\tfrac{2}{3}}\,p\pi^- =$$

$$\frac{1}{\sqrt{6}}\left[\sqrt{2}(135)939 - 2(139)(938)\right.$$

Qui abbiamo considerato(con E.Segré)p=938.25

n=939.5 $\pi^\pm$=139.5 $\pi^0 = 134.9$MeV .Inoltre

$$\left|\begin{matrix} 3/2 \\ 3/2 \end{matrix}\right| = p\pi^+ = 130885.875;$$

$$\left|\begin{matrix} 3/2 \\ -3/2 \end{matrix}\right| = n\pi^- = 131060.25$$

$$\left|\begin{matrix} 3/2 \\ 1/2 \end{matrix}\right| = \frac{1}{\sqrt{3}}\,(n\pi^+ + \sqrt{2}\,p\pi^0) = 179011.5816 ;$$

$$\left|\begin{matrix} 3/2 \\ -1/2 \end{matrix}\right| = \frac{1}{\sqrt{3}}\,(\sqrt{2}\,n\pi^0 + p\pi^-) = 179048.5879$$

Rappresentazione {27} per le particelle

Consideriamo i vettori di base(p.121)

$$\left|{5/2 \atop 5/2}\right| = \left|{3/2 \atop 3/2}\right| \left|{1 \atop 1}\right| = 130885.875(139.5) = 18258579.56$$

$$\left|{5/2 \atop 3/2}\right| = \frac{z_1^4 z_2}{2\sqrt{6}} = \sqrt{\tfrac{2}{5}}\left|{1 \atop 0}\right|\left|{3/2 \atop 3/2}\right| + \sqrt{\tfrac{3}{5}}\left|{1 \atop 1}\right|\left|{3/2 \atop 1/2}\right| =$$

$$= \frac{1}{\sqrt{5}}[\sqrt{2}(134.9)(130885.875) +$$

$$\sqrt{3}(139.5)(179011.5816)] = 30510271.56$$

$$\left|{5/2 \atop 1/2}\right| = \frac{1}{\sqrt{10}}(\left|{1 \atop -1}\right|\left|{3/2 \atop 3/2}\right| + \sqrt{6}\left|{1 \atop 0}\right|\left|{3/2 \atop 1/2}\right| + \sqrt{3}\left|{1 \atop 1}\right|\left|{3/2 \atop -1/2}\right| =$$

$$55808001.46$$

$$\left|{5/2 \atop -1/2}\right| = \frac{1}{\sqrt{10}}(\sqrt{3}\left|{1 \atop -1}\right|\left|{3/2 \atop 1/2}\right| + \left|{1 \atop 1}\right|\left|{3/2 \atop -3/2}\right| + \sqrt{6}\left|{1 \atop 0}\right|\left|{3/2 \atop -1/2}\right|) =$$

$$55774588.36$$

$$\left|{5/2 \atop -3/2}\right| = \sqrt{\tfrac{3}{5}}\left|{1 \atop -1}\right|\left|{3/2 \atop 1/2}\right| + \sqrt{\tfrac{2}{5}}\left|{1 \atop 0}\right|\left|{3/2 \atop -3/2}\right| = 30525148.93$$

$$\left|{5/2 \atop -5/2}\right| = \frac{z_2^5}{\sqrt{8(15)}} = \left|{1 \atop -1}\right|\left|{3/2 \atop -3/2}\right| = (139.5)(131060.25) =$$

=18282904.88 .   Letture complementari : J.Cornwell-Group Theory In Physics- An Introduction –Academic Press- N.Y. 1977,p.251; J.Bernstein- Elementary Particles And Their Cur - rents - W.H.Freeman & Company- S.Francisco and London - 1968, p.236; F.E.Close - Introduction To Quarks And Partons- Academic Press -N.Y. 1979,p.46- Chew Gell'Mann Rosenfeld- Scientific American - Feb.1964. (Traduzioni in italiano da Scien tific American:) Le Particelle Fondamentali - a cura di Luciano Maiani - Ed.<Le Scienze S.p.A.> Milano 1981; E.Segré (Premio Nobel) Nuclei E Particelle –Ed.Zanichelli-Bologna 1966.

Bosoni di Weinberg con matrici 4x4

La derivata covariante di un vettore nella teoria di Einstein è

$$B_{\mu;\sigma} = \frac{\partial B_\mu}{\partial x_\sigma} - \Gamma^\alpha_{\mu\sigma} B_\alpha$$

Nel presente lavoro $\Gamma^k_{li} = \dfrac{\partial g_{kl}}{\partial x_i} = g_{kl,i}$ in cui g è dato da

$$\|g\| = \begin{vmatrix} 0 & -z & y & x \\ z & 0 & x & -y \\ -y & -x & 0 & -z \\ -x & y & z & 0 \end{vmatrix}$$

E' il tensore fondamentale.Con altri simboli,la stessa derivata covariante è $D_\mu \emptyset_\alpha = \partial_\mu \emptyset_\alpha + g_{\mu\alpha,s} \emptyset_s = \partial_\mu \emptyset_\alpha + g_{\mu\alpha,1} \emptyset_1 ++ g_{\mu\alpha,2} \emptyset_2 + g_{\mu\alpha,3} \emptyset_3 + g_{\mu\alpha,4} \emptyset_4$ con

$$g_{\mu\alpha,1} = \begin{vmatrix} 0 & 0 & 0 & 1 \\ 0 & 0 & 1 & 0 \\ 0 & -1 & 0 & 0 \\ -1 & 0 & 0 & 0 \end{vmatrix} \quad g_{\mu\alpha,2} = \begin{vmatrix} 0 & 0 & 1 & 0 \\ 0 & 0 & 0 & -1 \\ -1 & 0 & 0 & 0 \\ 0 & 1 & 0 & 0 \end{vmatrix}$$

$$g_{\mu\alpha,3} = \begin{vmatrix} 0 & -1 & 0 & 0 \\ 1 & 0 & 0 & 0 \\ 0 & 0 & 0 & -1 \\ 0 & 0 & 1 & 0 \end{vmatrix} \quad g_{\mu\alpha,4} \begin{vmatrix} 0 & -\dot{z} & \dot{y} & \dot{x} \\ \dot{z} & 0 & \dot{x} & -\dot{y} \\ -\dot{y} & -\dot{x} & 0 & -\dot{z} \\ -\dot{x} & \dot{y} & \dot{z} & 0 \end{vmatrix}$$

La derivata $D_\mu \emptyset_\alpha$ diventa

$$\begin{vmatrix} \emptyset_{1,x} & -\emptyset_3 - \dot{z}\emptyset_4 & \emptyset_2 + \dot{y}\emptyset_4 & \phi_1 + \dot{x}\emptyset_4 \\ \emptyset_3 + \dot{z}\emptyset_4 & \emptyset_{2,y} & \emptyset_1 + \dot{x}\emptyset_4 & -\emptyset_2 - \dot{y}\emptyset_4 \\ -\emptyset_2 - \dot{y}\emptyset_4 & -\emptyset_1 - \dot{x}\emptyset_4 & \emptyset_{3,z} & -\emptyset_3 - \dot{z}\emptyset_4 \\ -\emptyset_1 - \dot{x}\emptyset_4 & \emptyset_2 + \dot{y}\emptyset_4 & \emptyset_3 + \dot{z}\emptyset_4 & \emptyset_{4,t} \end{vmatrix}$$

Ora[11] ,il quadrato della seguente matrice

$$\begin{bmatrix} 0 & \emptyset_1 + \dot{x}\emptyset_4 & -\emptyset_2 - \dot{y}\emptyset_4 \\ -\emptyset_2 + \dot{x}\emptyset_4 & 0 & 0 \\ \emptyset_2 + \dot{y}\emptyset_4 & 0 & 0 \end{bmatrix}$$

ha traccia[12] T=-4$(\emptyset_2 - \frac{\dot{y}}{\dot{z}}\emptyset_3)^2$ =costante

$\propto (\emptyset_2 - \emptyset_3)^2$ quando $\emptyset_1 = \emptyset_2$, $\emptyset_3 + \dot{z}\emptyset_4 = 0$ e

$\dot{x} = \dot{y} = \dot{z}$.

Poniamo [13]$\emptyset_2 = \sqrt{2}\pi^+$ e $\emptyset_3 = \pi^0$, con[14]

$\pi^\pm$ =(139.580$\pm$0.015)MeV;

π^0 =(134.974$\pm$0.015)MeV.

Multipli n$((\sqrt{2}\pi^+ - \pi^0)^2$=3896.497225 (n=intero)

forniscono i livelli(=masse) delle particelle fondamen-

tali. Alcune di esse sono:

$\frac{W^+ + W^-}{2}$ n=210$\propto$ 81.826 Σ^+ n=305$\propto$ 1188.431

Z^0 n=232$\propto$90.398 GeV Σ^0 n=306$\propto$ 1192.328MeV

Z^0 n=238$\propto$92.7366 Σ^- n=307$\propto$ 1196.224

Δ^{++} n=318$\propto$ 1239.086Mev

Bosone di Higgs n=323.5$\propto$126.0516852Gev

Masse=m=17.4$e^{k0.011096}$ (p.42) .

k=803.5$\Rightarrow$m=129586.8 ;k=803.48$\Rightarrow$ m=129558.0

(=limite superiore per il bosone di Higgs,p.146).

Appendice

Dettagli per i coefficienti C.G. quando j=$\frac{5}{2}$

$$\begin{bmatrix} 0 & 0 & -1 \\ 0 & 1 & 0 \\ 1 & 0 & 0 \end{bmatrix} \begin{bmatrix} \sqrt{3/10} & p_1 & n_1 \\ \sqrt{6/10} & p_2 & n_2 \\ \sqrt{1/10} & p_3 & n_3 \end{bmatrix} = \begin{bmatrix} -\sqrt{1/10} & -p_3 & -n_3 \\ \sqrt{6/10} & p_2 & n_2 \\ \sqrt{3/10} & p_1 & n_1 \end{bmatrix}$$

Per risolvere si usa la procedura già vista.

$$n_1\sqrt{\frac{3}{10}} + n_2\sqrt{\frac{6}{10}} + n_3\sqrt{\frac{1}{10}} = 0 \quad ; n_1^2 + n_2^2 + n_3^2 = 1$$

$$n_1 = -k\sqrt{\frac{1}{10}} \quad k<0 \quad n_3 = -k\sqrt{\frac{3}{10}} \quad \text{.Quindi}$$

$$-k\frac{\sqrt{3}}{10} + n_2\sqrt{\frac{6}{10}} - k\frac{\sqrt{3}}{10} = 0 \ | \ \frac{k^2}{10} + n_2^2 + k^2\frac{3}{10} = 1 \quad \text{ovvero}$$

$$\downarrow \qquad\qquad\qquad\qquad \downarrow$$

$$\Rightarrow n_2 = \frac{k}{\sqrt{5}} \quad \text{(a)}[\ n_2^2 = \frac{k^2}{5}] \ | \quad n_2^2 = 1 - \frac{2k^2}{5}$$

e, dalle due espressioni di n_2^2 ricaviamo : $\dfrac{n_2^2-1}{n_2^2}$=-2

$$3n_2^2 = 1 \quad n_2 = -\frac{1}{\sqrt{3}}, \text{Da (a) segue} \quad \Rightarrow k=-\sqrt{\frac{5}{3}} \ .$$

Quindi con (a) si ottiene $n_2 = -\dfrac{1}{\sqrt{3}}$ ed infine

$$n_1 = -k\sqrt{\frac{1}{10}} = \sqrt{\frac{1}{6}} \quad , \quad n_3 = -k\sqrt{\frac{3}{10}} = \frac{1}{\sqrt{2}} \ .$$

Nel prodotto $\begin{bmatrix} \sqrt{\dfrac{3}{10}} & p_1 & \sqrt{\dfrac{1}{6}} \\[2ex] \sqrt{\dfrac{6}{10}} & p_2 & -\sqrt{\dfrac{1}{3}} \\[2ex] \sqrt{\dfrac{1}{10}} & p_3 & \sqrt{\dfrac{1}{2}} \end{bmatrix} \begin{bmatrix} \sqrt{\dfrac{3}{10}} & \sqrt{\dfrac{6}{10}} & \sqrt{\dfrac{1}{10}} \\[2ex] p_1 & p_2 & p_3 \\[2ex] \sqrt{\dfrac{1}{6}} & -\sqrt{\dfrac{1}{3}} & \sqrt{\dfrac{1}{2}} \end{bmatrix},$

l'unitarietà

fornisce $\dfrac{3}{10} + p_1^2 + \dfrac{1}{6} = 1$, $p_1 = \dfrac{8}{15}$;

$\dfrac{6}{10} + p_2^2 + \dfrac{1}{3} = 1$, $p_2 = \dfrac{\varepsilon_1}{\sqrt{15}}$, $\dfrac{1}{10} + p_3^2 + \dfrac{1}{2} = 1$, $p_3 = \varepsilon_2 \sqrt{\dfrac{2}{5}}$.

Operando poi un altro prodotto tra prima e seconda colonna della prima matrice, $\dfrac{2}{5} + \varepsilon_1 \dfrac{1}{5} + \varepsilon_2 \dfrac{1}{5} = 0$ $\varepsilon_1 = \varepsilon_2 = -1$; $p_2 = -\dfrac{1}{\sqrt{15}}$, $p_3 = -\sqrt{\dfrac{2}{5}}$

Matrice di Han e Nambu per la carica elettrica[16]

Si ponga $\begin{cases} nv_1 = Av_1 + Bv_2 + Cv_3 \\ mv_2 = B^+v_1 + Dv_2 + Ev_3 \\ pv_3 = C^+v_1 + E^+v_2 + Fv_3 \end{cases}$; quindi

$\begin{cases} v_1(A - n) = -Bv_2 - Cv_3 \\ v_2(D - m) = -B^+v_1 - E^+v_3 \\ v_3(F - p) = -C^+v_1 - E^+v_2 \end{cases}$ $\begin{bmatrix} 0 & -B & -C \\ -B^+ & 0 & 0 \\ -C^+ & 0 & 0 \end{bmatrix} \begin{bmatrix} v_1 \\ v_2 \\ v_3 \end{bmatrix}$

Quando E=0 e B=C=ib si ricava la matrice.

Bibliografia

1-J.A.Hynek J.Von Allee-UFO-Realtà Di Un Fenomeno-Edizioni Armenia-Milano 1979(copertina); oppure: Scientific American-June 1955,p.19.

2-S.Sternberg-Group Theory And Physics-Cambridge University Press-New York 1994,p.181 .

3-M.E.Rose - Elementary Theory Of Angular Momentum - Dover Publications Inc -New York 1955 , p.234; p.232 .

4-Kerson Huang-Quarks,Leptons & Gauge Fields-2nd Edition-World Scientific-Singapore-New Jersey-London 1992,p.114 .

5-Kerson Huang-p.119 .

6-S.Sternberg-Group Theory And Physics-Cambridge University Press-New York 1994,p.182 .
M.E.Rose-Elementary Theory Of Angular Momentum-Dover Publications Inc-New York 1955,p.232 .

7-S.Sternberg-Group theory And Physics-Cambridge University Press-New York 1994,p.183.

8-E.Segré-Nuclei E Particelle-Edizioni Zanichelli-Bologna1955,p.712.

9-S.Sternberg-Group Theory And Physics-Cambridge University Press-New York 1994,p.223 .

10-A.Einstein- The Meaning Of Relativity- MJF Books-New York 1954;J.Foster J.D.Nightingale-A Short Course In General Relativity- Springer Verlag - New York- 1955.

11-K.Huang-Quarks,Leptons&Gauge Fields-2nd Edition – World Scientific – Singapore - New Jersey-London - 1992, p.110 .

12-Ta-Pei Cheng   Ling Fong Li- Gauge Theory Of Elementary Perticle Physics-Problems And Solutions- Clarendon Press-Oxford 2000,p.169.

13-S.Sternberg-Group theory And Physics- p.222 .

14-E.Segré-Nuclei   E   Particelle-Edizioni   Zanichelli-Bologna 1966,p.633.

15-Ta-PeiCheng Ling Fong Li-Gauge Theory Of Elementary Particle Physics-Problems And Solutions -Oxford-Clarendon Press 2000,p.273.16-F.E.Close-An Introduction To quarks And Partons-Academic Press-New York 1979.

Particelle fondamentali e bosone di Higgs

Le cosiddette oscillazioni della materia(=matter oscil-
lations) sono importanti fenomeni in corso di studio
presso il CERN(=Centro Europeo di Ricerche Nucleari)
ove si fa uso del grande collisore per Adroni (=particel
le pesanti). C'è una distanza tra il doppietto $(e\nu_e)$ =
1.024MeV e $W^+ = 80.7\ GeV$(bosone di Weinberg)
tale che, partendo da W^+, alla fine di un ciclo si trova
di nuovo un doppietto.

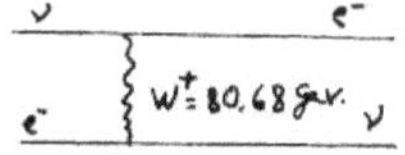

Andando a livelli più alti si possono controllare varie
trasformazioni(=processi).Quindi si ha la possibilità di
identificare una nuova particella a circa 126GeV ,il bo
sone di Higgs che risulta metastabile.Esponiamo in qu
esto lavoro uno studio completamente nuovo sulle -
particelle fondamentali considerando il gruppo dei -
quaternioni ed il gruppo diedrale D_4 . Richiamando -
un'idea di Fermi e Yang, Sternberg suggerisce effetti
osservabili(Sternberg p.159) legati a questi gruppi. La
sua ipotesi non è condivisa da scienziati come Wick,
Wigner e Wightman. Le argomentazioni teoriche di
Sternberg si traducono in semplici matrici 4x4 ed è
noto che i dati attuali sono descritti con matrici 3x3.
Liberi-81040(Caserta)Dicembre2008.

Leptoni carichi e quaternioni

Tenendo conto delle proposte di Sternberg[1] e dei metodi delle teorie[2] supersimmetriche poniamo

$$\begin{vmatrix} e^{i\xi}\cos\vartheta & e^{i\eta}\sin\vartheta \\ -e^{-i\eta}\sin\vartheta & e^{-i\xi}\cos\vartheta \end{vmatrix} \begin{vmatrix} 0 & i \\ i & 0 \end{vmatrix} =$$

$$\begin{vmatrix} x & 0 \\ 0 & y \end{vmatrix} \begin{vmatrix} e^{i\xi_1}\cos\vartheta_1 & e^{i\eta_1}\sin\vartheta_1 \\ -e^{i\eta_1}\sin\vartheta_1 & e^{-i\xi_1}\cos\vartheta_1 \end{vmatrix}$$ in cui $\begin{vmatrix} 0 & i \\ i & 0 \end{vmatrix}$ è un opera-
tore del gruppo G_2 dei quaternioni.

Dal confronto di ambo i membri dell'uguaglianza si ha

$ie^{i\eta}\sin\vartheta = xe^{i\xi_1}\cos\vartheta\vartheta_1$, $ie^{-i\xi}\cos\vartheta = -ye^{-i\eta_1}\sin\vartheta_1$

$ie^{i\xi}\cos\vartheta = xe^{i\eta_1}\sin\vartheta_1$, $-ie^{-i\eta}\sin\vartheta = ye^{-i\xi_1}\cos\vartheta_1$

Così $x = i[e^{i(\eta-\xi_1)}\sin\vartheta]/\cos\vartheta_1 = i[e^{i(\xi-\eta_1)}\cos\vartheta]/\sin\vartheta_1$

$\tan\vartheta = e^{i[\xi-\eta_1)-(\eta-\xi_1)]}/\tan\vartheta_1$

$y = -i[e^{-i(\xi-\eta_1)}\cos\vartheta]/\sin\vartheta_1 = -i[e^{-i(\eta-\xi_1)}\sin\vartheta]/\cos\vartheta_1$

$\tan\vartheta = e^{-i[(\xi-\eta_1)-(\eta-\xi_1)]}/\tan\vartheta_1$

Come risultato abbiamo

$e^{i[(\xi-\eta_1)-(\eta-\xi_1)]} = e^{-i[-(\eta-\xi_1)+(\xi-\eta_1)]}$, ossia

$e^{2i[(\xi-\eta_1)-(\eta-\xi_1)]} = 1 \Rightarrow \cos 2[(\xi-\eta_1)-(\eta-\xi_1)] = 1$.

Effettuando una scelta opportuna delle quattro fasi, questa formula si può scrivere come segue[3] :

$\cos^2\alpha - \sin^2\alpha = 1$, quindi

$$\sin 2\alpha\left(-\frac{1}{2}\frac{1}{\tan\alpha} + \frac{1}{2}\tan\alpha\right) = -1)$$

La rappresentazione del gruppo G_2 è fornita dai suoi elementi (I.Herstein):

e ,ϑ , a ,b ,c ,ϑa ,ϑb , ϑc , con le proprietà

$a^2 = b^2 = c^2 = \vartheta$;$\vartheta^2 = e$,ab=ϑba=c ,bc=ϑcb=a

ca=ϑac=b .Assumiamo

$$a = \begin{vmatrix} 0 & i \\ i & 0 \end{vmatrix}, \quad e = \begin{vmatrix} 1 & 0 \\ 0 & 1 \end{vmatrix}, \quad b = \begin{vmatrix} 0 & -1 \\ 1 & 0 \end{vmatrix},$$

$$c = \begin{vmatrix} -i & 0 \\ 0 & i \end{vmatrix}; \quad \vartheta = \begin{vmatrix} -1 & 0 \\ 0 & -1 \end{vmatrix},$$

$$\vartheta a = \begin{vmatrix} 0 & -i \\ -i & 0 \end{vmatrix}, \vartheta b = \begin{vmatrix} 0 & 1 \\ -1 & 0 \end{vmatrix}, \vartheta c = \begin{vmatrix} i & 0 \\ 0 & -i \end{vmatrix}.$$

Gruppo locale

Consideriamo
$$\begin{vmatrix} e^{i\xi}\cos\vartheta & e^{i\eta}\sin\vartheta \\ -ie^{-i\eta}\sin\vartheta & e^{-i\xi}\cos\vartheta \end{vmatrix} \begin{vmatrix} i & 0 \\ 0 & -i \end{vmatrix} =$$

$$= \begin{vmatrix} x & 0 \\ 0 & y \end{vmatrix} \begin{vmatrix} e^{i\xi_1}\cos\vartheta_1 & e^{i\eta_1}\sin\vartheta_1 \\ -e^{-i\eta_1}\sin\vartheta_1 & e^{-i\xi_1}\cos\vartheta_1 \end{vmatrix}$$

Dal confronto di ambo i membri si ha

$-ie^{i\xi}\cos\vartheta = xe^{i\xi_1}\cos\vartheta_1$;

$-ie^{i\eta}\sin\vartheta = xe^{-i\eta_1}\sin\vartheta_1$

$-ie^{-i\eta}\sin\vartheta = -ye^{-i\eta_1}\sin\vartheta_1$;

$-i\,e^{-i\xi}\cos\vartheta = ye^{-i\xi_1}\cos\vartheta_1$

Per ottenere il gruppo locale occorre porre

$$x^2 = 1 \ ; x^2 = -e^{2i(\xi-\xi_1)}\frac{\cos^2\vartheta}{\cos^2\vartheta_1}.$$

Ma $(-i\cos\xi)\cos\vartheta=ix\sin\xi_1\cos\vartheta_1$,
$-\sin\xi\,\cos\vartheta=x\cos\xi_1\cos\vartheta_1$ per cui
$$-\cos^2\xi\cos^2\vartheta = -x^2\sin^2\xi_1\cos^2\vartheta_1,$$
$$\sin^2\xi\cos^2\vartheta = x^2\cos^2\xi_1\cos^2\vartheta_1 \ \ e$$
$$\cos^2\vartheta = x^2\cos^2\vartheta_1 \Rightarrow$$
$$1=-e^{2i(\xi-\xi_1)} \ .$$

Ne segue $\cos2(\xi-\xi_1) = -1$, $\sin2(\xi-\xi_1) = 0$. In un sottogruppo del gruppo globale ci sono i bosoni di Weinberg,la particella Z^0, t$\underline{t}$,in cui t è il top quark,$\underline{t}$ l'antiquark. $2(\xi-\xi_1) = \pm k360\Rightarrow(\xi-\xi_1) = \pm k180$
Esempio[4] : 254(360)=91440=
Z^0 =91.44GeV,961(360)=345960 =t$\underline{t}$
263(360)=94680$\propto$b$\underline{b}$=9.46GeV;224(360)=80640=W^+.
Se $2(\xi-\xi_1) = 180 \pm n360 \Rightarrow$(per mesoni)
$\underline{4950}$-90=27(180) ,$\underline{5490}$-90=30(180),$\underline{7830}$-90=43(180)
92790-$\underline{7830}$=472(180) ,$Z^0 = 92.79\ GeV$;94590-$\underline{7830}$=482(180),80730-$\underline{7830}$=405(180) , W^+ =80.73 GeV ;W^- =82.893; 339030 -$\underline{7830}$=1840(180). t$\underline{t}$=339030 .

Decadimenti del top quark : $\mathbf{y=1197e^{n0.034486176}}$

Δ^{++}=1239MeV appartiene a un decupletto di 10 par-
ticelle{10}(J.Cornwell-Group Theory In Physics-Acade
mic Press-1977).Σ^- =1197 MeV a un ottetto{8}.

$$\frac{1239}{1197} = e^x \Rightarrow \text{x= 0.0344861}$$

Fig.1-W+b$\underline{b}$=2(81.8)GeV+9.46 =173.06 GeV .

$$y=1197e^{n0.034486176}$$

n	y	n	y	n	y
2	1282	11	1749	21	2469
3	1327 ∈ {8}	12	1810	22	2556
4	1374	13	1874	23	2645
6	1472	15	2007	25	2834
7	1522	16	2078.39	26	2934
8	1577	17	2151	27	3037
	(157x4=2.28=$\underline{d}$u	18	2226.80893	28	3143
9	1632	19	2304	29	3254
10	1689 ∈ {27}	20	2385	30	**3368**.68

3368.68x3568=**120**19450.24   31 3486.470∝t$\underline{t}$

Pratica:

Poiché (3486.4 - 2226.8)=1259.6≅2078.3(6.05)

e 6.05≅ 0.0747(81) ⇒

Con **4|6(2226)** ne segue $[6(2226)] \cong 356.8(3.74);\ \frac{3.74}{7.47} = 0.50$

24|36(2226) $36(222.6) \cong 3568(2.2459); 2.245/7.47 = 0.30$

poi$[\frac{4}{6(222.6)} = \frac{36}{54(222.6)}]$

$54(222.6)\mathbf{120}20.4 \cong 3568(3.368);\ \frac{3.368}{7.47} = 0.45$

Bosone[5] di Higgs$\cong 117529.92 = 35680(3.294);\ \frac{3.294}{7.47} = 0.44$

Gruppo diedrale D_4

Questo gruppo contiene otto elementi[6] :due riflessioni rispetto alle due diagonali di un quadrato, due riflessioni rispetto a due bisettori perpendicolari(fig.2):

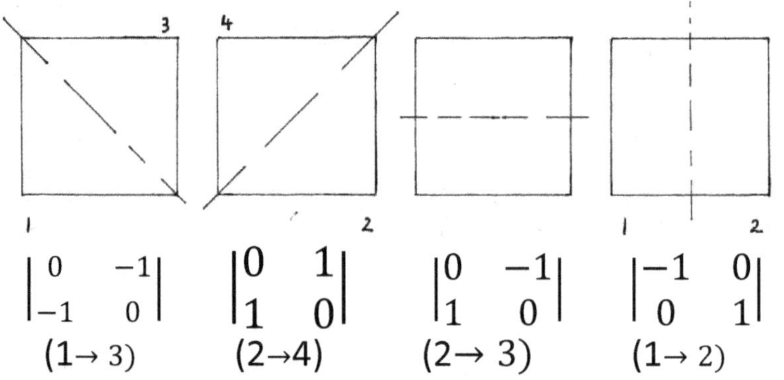

$$\begin{vmatrix} 0 & -1 \\ -1 & 0 \end{vmatrix} \quad \begin{vmatrix} 0 & 1 \\ 1 & 0 \end{vmatrix} \quad \begin{vmatrix} 0 & -1 \\ 1 & 0 \end{vmatrix} \quad \begin{vmatrix} -1 & 0 \\ 0 & 1 \end{vmatrix}$$

$$(1 \to 3) \qquad (2 \to 4) \qquad (2 \to 3) \qquad (1 \to 2)$$

Fig.2-Se il vertice 2 ha coordinate $(x,y) \equiv (\varepsilon, -\varepsilon)$, con$\begin{vmatrix} 0 & 1 \\ 1 & 0 \end{vmatrix}\begin{vmatrix} \varepsilon \\ -\varepsilon \end{vmatrix} = \begin{vmatrix} -\varepsilon \\ \varepsilon \end{vmatrix}$ si trova la riflessione.

A D_4 appartengono anche le rotazioni

$R = 90°, R^2, R^3, R^4, I$. Un sottogruppo $N\{I, R, R^2, R^3\}$ è normale[7] in D_4 ; allora si ha un omomorfismo tra D_4

e $\frac{D_4}{N}$ .Traendo un'idea da Fermi e Yang e contraddi -
cendo Wick, Wigner e Wightman , Sternberg suggeri
sce che il gruppo D_4 dovrebbe produrre nuovi effetti
osservabili per le particelle fondamentali.
L'omomorfismo si ottiene con i prodotti Nx in cui x
appartiene a D_4 .
Per questo motivo si introduce N $\oplus D_4$. Usiamo ora

$$I \oplus T = \begin{vmatrix} 0 & 0 & 1 & 0 \\ 0 & 0 & 0 & 1 \\ 1 & 0 & 0 & 0 \\ 0 & 1 & 0 & 0 \end{vmatrix} \text{ e } \quad T \oplus I = \begin{vmatrix} 0 & 1 & 0 & 0 \\ 1 & 0 & 0 & 0 \\ 0 & 0 & 0 & 1 \\ 0 & 0 & 1 & 0 \end{vmatrix} ;$$

vedremo cosa si rivela con $I \oplus T + T \oplus I$.
Gli autovalori di questa matrice sono λ=0(molteplicità
2) e λ=±2 .Si deve allora trovare una nuova matrice
che commuti con essa ed abbia autovalori distinti:

$$\begin{vmatrix} A & 0 & 0 & B \\ 0 & C & D & 0 \\ 0 & E & F & 0 \\ G & 0 & o & H \end{vmatrix} \begin{vmatrix} 0 & 1 & 1 & 0 \\ 1 & 0 & 0 & 1 \\ 1 & 0 & 0 & 1 \\ 0 & 1 & 1 & 0 \end{vmatrix} =$$

$$= \begin{vmatrix} 0 & (A+B) & (A+B) & 0 \\ C+D & 0 & 0 & C+D) \\ E+F & 0 & 0 & E+F) \\ 0 & (G+H) & (G+H) & 0 \end{vmatrix}$$

$$\begin{vmatrix} 0 & 1 & 1 & 0 \\ 1 & 0 & 0 & 1 \\ 1 & 0 & 0 & 1 \\ 0 & 1 & 1 & 0 \end{vmatrix} \begin{vmatrix} A & 0 & 0 & B \\ 0 & C & D & 0 \\ 0 & E & F & 0 \\ G & 0 & 0 & H \end{vmatrix} =$$

$$
= \begin{vmatrix} 0 & (C+E) & (D+F) & 0 \\ A+E & 0 & 0 & B+H \\ A+E & 0 & 0 & B+H \\ 0 & (C+E) & (D+F) & 0 \end{vmatrix}
$$

Confrontando i risultati dei due prodotti,si ha

A+B=C+E=D+F $\qquad\qquad$ (a)

C+D=A+G=E+F $\qquad\qquad$ (b)

C+D=B+H=E+F $\qquad\qquad$ (c)

Quindi $\begin{cases} A+G=B+H & (d) \\ A+B=C+E & (e) \end{cases}$

$\Rightarrow$ 2A+G=H+C+E $\qquad\qquad$ (f)

e con (b) A+G=E+F $\qquad\qquad$ (g)

Sostituendo (g) in (f),A+F=H+C   ; ed usando quest'ul_tima uguaglianza con (a) scritta come A $-$ F = D $-$ B si ottiene 2A=H+D $-$ B+C,ovvero H $-$ B=2A - (D+C).
Questo risultato associato con(c)rivela che 2H=2A. Do_po uno sguardo a (c) ,C+D=B+A=E+F ; e a causa di (a),A+B=D+F .Allora D=E .Considerando di nuovo (a) si ottiene anche C=F.Ricordando (b),G=E+F$-$A;inoltre (c) suggerisce E+F $-$ A=B   .Così G=B   .La matrice ricercata con autovalori semplici è

$$
\begin{vmatrix} A & 0 & 0 & B \\ 0 & C & D & 0 \\ 0 & D & C & 0 \\ B & 0 & 0 & A \end{vmatrix} \qquad\qquad (s)
$$

Essi sono $\lambda=A\pm B$, $\lambda=C\pm D$.

Abbiamo identificato con (s) la causa degli effetti riguardanti le particelle ipotizzati da Sternberg; infatti la matrice $\begin{bmatrix} A & 0 & 0 \\ 0 & C & D \\ 0 & D & C \end{bmatrix}$ ricavata da [(s);p.140] concerne sia le masse[9] che le cariche [10] già note.

Y=R$\oplus$ I: Particelle e Black Holes

Le matrici(p.16)

$$Y=\begin{vmatrix} 0 & -1 & 0 & 0 \\ 1 & 0 & 0 & 0 \\ 0 & 0 & 0 & -1 \\ 0 & 0 & 1 & 0 \end{vmatrix} \quad e \quad \begin{vmatrix} 0 & 0 & A_1 & A_2 \\ 0 & 0 & -A_2 & A_1 \\ B_1 & B_2 & 0 & 0 \\ B_3 & B_4 & 0 & 0 \end{vmatrix}$$

commutano se $B_3 = -B_2$, $B_4 = B_1$ .Consideriamo il prodotto[12]

$$\begin{vmatrix} 0 & 0 & A_1 & A_2 \\ 0 & 0 & -A_2 & A_1 \\ B_1 & B_3 & 0 & 0 \\ -B_3 & B_1 & 0 & 0 \end{vmatrix} \begin{vmatrix} e^{i\vartheta} & 0 & 0 & 0 \\ 0 & e^{-i\vartheta} & 0 & 0 \\ 0 & 0 & e^{-i\varphi} & 0 \\ 0 & 0 & 0 & e^{i\varphi} \end{vmatrix} =$$

$$= \begin{vmatrix} 0 & 0 & A_1 e^{-i\varphi} & A_2 e^{i\varphi} \\ 0 & 0 & -A_2 e^{-i\varphi} & A_1 e^{i\varphi} \\ B_1 e^{i\vartheta} & B_3 e^{-i\vartheta} & 0 & 0 \\ -B_3 e^{i\vartheta} & B_1 e^{-i\vartheta} & 0 & 0 \end{vmatrix} =$$

$$= \begin{vmatrix} 0 & 0 & n_1 & n_2 \\ 0 & 0 & n_3 & n_4 \\ m_1 & m_2 & 0 & 0 \\ m_3 & m_4 & 0 & 0 \end{vmatrix} \Rightarrow \begin{vmatrix} -\lambda & 0 & n_1 & n_2 \\ 0 & -\lambda & n_3 & n_4 \\ m_1 & m_2 & -\lambda & 0 \\ m_3 & m_4 & 0 & -\lambda \end{vmatrix} = 0$$

che fornisce $\lambda^4 - \lambda^2(n_3 m_2 + n_4 m_4 + n_1 m_1 +$

$n_2 m_3) + (m_1 m_4 - m_2 m_3)(n_1 n_4 - n_2 n_3) = 0$.

Poniamo $B_3 = B_1$;
allora, dato che $(m_1 n_1 + n_4 m_4) = 2A_1 B_1 \cos(\vartheta - \varphi)$
diventa
$\lambda^4 - 2\lambda^2 [A_1 B_1 \cos(\vartheta - \varphi) - A_2 B_1 \cos(\vartheta + \varphi) +$
$+ 2B_1^2(A_1^2 + A_2^2) = 0)$.
Con $(\vartheta-\varphi)=180°$, $\qquad \vartheta + \varphi = 2\varphi + 180°$

$$\lambda^4 - 2B_1(-A_1 + A_2 \cos 2\varphi)\lambda^2 + 2B_1^2(A_1^2 + A_2^2) = 0$$
Se $\qquad A_2 = -2A_1$ e $\qquad (1+2\cos 2\varphi) = 3$ (p.113;p.111)
occorre risolvere
$\qquad \lambda^4 + 6A_1 B_1 \lambda^2 + 10(A_1 B_1)^2 = 0$, per cui
$\qquad \lambda^2 = A_1 B_1(-3 \pm i) \propto (-3 \pm i) = \varrho e^{\pm \alpha}$;
$\varrho = \sqrt{10}$, $\tan\alpha = \dfrac{1}{3}$.
La traccia (con due autovalori λ) è data da

T=$\sqrt[4]{10}\,(2\cos\dfrac{\alpha}{2}) = 3.510634603$ con $\alpha = 18°.4349882$.
Le particelle e livelli quantici per la gravità rispettiva
mente si osservano nelle due tabelle che seguono:

142

Tabella[13] :masse (nT) per le particelle

$$T=\sqrt{10}(2\cos\frac{18°.4349882}{2})=3.510634603$$

267.25T=938.217 =**p**   38.45T=134.98 =$\boldsymbol{\pi}^0$

267.63T=939.551 =**n**   39.75T=139.547=$\boldsymbol{\pi}^{\pm}$

317.5T=1114.62 = $\boldsymbol{\Lambda}^0$ 140.65T=493.77 =$\boldsymbol{K}^{\pm}$

338.75=1189.22 = $\boldsymbol{\Sigma}^+$ 141.75T=497.63 =$\boldsymbol{K}^0$

339.6T=1192.21 = $\boldsymbol{\Sigma}^0$

341.05=1197.30 = $\boldsymbol{\Sigma}^-$

374.35T=1314.20 = $\boldsymbol{\Xi}^0$

376.25T=1320.87 = $\boldsymbol{\Xi}^-$

 352T=1235.7433 = $\boldsymbol{\Delta}^-$

352.25T=1236.62 = $\boldsymbol{\Delta}^0$

352.5T=1237.498 = $\boldsymbol{\Delta}^+$

352.75T=1238.37 = $\boldsymbol{\Delta}^{++}$

394.5T=1384.9

435.75T=1529.75

476.25T=1671.93 =$\boldsymbol{\Omega}^-$

Tabella:gravitazione (Fig.17a;p.34)

Traccia $=T=\sqrt[4]{10}\ (2\cos\dfrac{18°.4349882}{2}\ )=3.510634603$

$7.55T=26.5mm.=\left\{\begin{array}{c}\textit{distanza diAndomeda}\\ \textit{da G}\end{array}\ (p.\,36)\right\}$

9.75T=33.614   E

22.75T=79.86   K   22.4T=78.60

$13.05T=45.81=\left\{\begin{array}{c}\textit{distanza della galassia}\\ \textit{S da G}\end{array}\right\}$

23.8T=83.55   C

28.3T=99.35   B

13.7T=48.09   E

14.25T=50.02   33T=115.85

14.7T=51.5

34.24T=120.23 EG   15T=52.5

37T=129.89   K

17.4 T=61.08   G

39.9T=140.07   SK   18.5T=64.946

45.3T=159.03   BT

19.85T=69.68   E

49.25T=172.89 B

$21.5T=75.4786=\left\{\begin{array}{c}\textit{distanza della galassia}\\ \textit{A da G}\end{array}\right\}$

57.65T=202.38 EC   59.85T=210.11 ET

Bosone di Higgs

Dall'esame del gruppo unitario (p.147;p.148) si ha

$$A^j_{m'm}=(-1)^{m'-m}\sum_s\frac{(-1)^s\sqrt{(j+m)!(j-m)!(j+m')!(j-m')!}}{s!(j-s-m')!(j+m-s)!(m'-s-m)!}\cdot$$

$$\cdot\,(cos\frac{\beta}{2})^{2(j-s)-(m'-m)}(-sin\frac{\beta}{2})^{2s+(m'-m)}$$

in cui $s\geq 0$, $\dfrac{1}{(-n)!}=0$

$$\begin{bmatrix}
A^{\frac{5}{2}}_{\frac{5}{2}(\frac{5}{2})} & A^{\frac{5}{2}}_{\frac{3}{2}(\frac{5}{2})} & A^{\frac{5}{2}}_{\frac{1}{2}(\frac{5}{2})} & A^{\frac{5}{2}}_{\frac{-1}{2}(\frac{5}{2})} & A^{\frac{5}{2}}_{\frac{-3}{2}(\frac{5}{2})} & A^{\frac{5}{2}}_{\frac{-5}{2}(\frac{5}{2})} \\[10pt]
A^{\frac{5}{2}}_{\frac{5}{2}(\frac{3}{2})} & A^{\frac{5}{2}}_{\frac{3}{2}(\frac{3}{2})} & A^{\frac{5}{2}}_{\frac{1}{2}(\frac{3}{2})} & A^{\frac{5}{2}}_{\frac{-1}{2}(\frac{3}{2})} & A^{\frac{5}{2}}_{\frac{-3}{2}(\frac{3}{2})} & A^{\frac{5}{2}}_{\frac{-5}{2}(\frac{3}{2})} \\[10pt]
A^{\frac{5}{2}}_{\frac{5}{2}(\frac{1}{2})} & A^{\frac{5}{2}}_{\frac{3}{2}(\frac{1}{2})} & A^{\frac{5}{2}}_{\frac{1}{2}(\frac{1}{2})} & A^{\frac{5}{2}}_{\frac{-1}{2}(\frac{1}{2})} & A^{\frac{5}{2}}_{\frac{-3}{2}(\frac{1}{2})} & A^{\frac{5}{2}}_{\frac{-5}{2}(\frac{1}{2})} \\[10pt]
A^{\frac{5}{2}}_{\frac{5}{2}(\frac{-1}{2})} & A^{\frac{5}{2}}_{\frac{3}{2}(\frac{-1}{2})} & A^{\frac{5}{2}}_{\frac{1}{2}(\frac{-1}{2})} & A^{\frac{5}{2}}_{\frac{-1}{2}(\frac{-1}{2})} & A^{\frac{5}{2}}_{\frac{-3}{2}(\frac{-1}{2})} & A^{\frac{5}{2}}_{\frac{-5}{2}(\frac{-1}{2})} \\[10pt]
A^{\frac{5}{2}}_{\frac{5}{2}(\frac{-3}{2})} & A^{\frac{5}{2}}_{\frac{3}{2}(\frac{-3}{2})} & A^{\frac{5}{2}}_{\frac{1}{2}(\frac{-3}{2})} & A^{\frac{5}{2}}_{\frac{-1}{2}(\frac{-3}{2})} & A^{\frac{5}{2}}_{\frac{-3}{2}(\frac{-3}{2})} & A^{\frac{5}{2}}_{\frac{-5}{2}(\frac{-3}{2})} \\[10pt]
A^{\frac{5}{2}}_{\frac{5}{2}(\frac{-5}{2})} & A^{\frac{5}{2}}_{\frac{3}{2}(\frac{-5}{2})} & A^{\frac{5}{2}}_{\frac{1}{2}(\frac{-5}{2})} & A^{\frac{5}{2}}_{\frac{-1}{2}(\frac{-5}{2})} & A^{\frac{5}{2}}_{\frac{-3}{2}(\frac{-5}{2})} & A^{\frac{5}{2}}_{\frac{-5}{2}(\frac{-5}{2})}
\end{bmatrix}$$

Con l'uso della formula si ricava

$$A^{\frac{5}{2}}_{\frac{5}{2}(\frac{5}{2})}=cos^5\left(\frac{\beta}{2}\right)\quad\text{(con s=0)}$$

$$A^{\frac{5}{2}}_{\frac{3}{2}(\frac{3}{2})}=cos^5\left(\frac{\beta}{2}\right)-4cos^3(\frac{\beta}{2})sin^2(\frac{\beta}{2})\;(\text{intervengono}$$

solo i valori di s zero e uno),e si pone $A^{\frac{5}{2}}_{\frac{5}{2}(\frac{5}{2})}=kA^{\frac{5}{2}}_{\frac{3}{2}(\frac{3}{2})}$ $\Rightarrow$

$$cos^2\frac{\beta}{2}=k(cos^2\frac{\beta}{2}-4sin^2\frac{\beta}{2}),\text{ cioè}$$

$$cos^2\frac{\beta}{2}=k(5cos^2\frac{\beta}{2}-4)\;;\;(5k-1)cos^2\frac{\beta}{2}=4k\;.$$

Nel limite k=1 , $cos^2\frac{\beta}{2}=1$,$\frac{\beta}{2}$=n360 .

Soluzione:Parametro di oscillazione $Z^0-W^+=92840-80600=12240$

Punto di riferimento $Z^0=91400$;

12240=720(17) ,10800=720(15) ,[22320=**720(31)** ,
(91400-10800)=80600 ;91400+1440=92840=Z^0

$Z°$=92840+				
	117320	178520	251960	324640
12240	12240	190760	264200	335880
105080	129560	203000	276440	347120
12240=	K^+141800	215240	288680	720
117320	154040	227480	300920	347840
	Y^*166280	239720	312160	720
	178520	251960	313400	348560

Limite del bosone 129.560GeV$\Rightarrow K^+$ e Y^* assumono importanza nella rilevazione del bosone.

92840+(**31**)(**720**)= 115160 è l'altro limite per il boso - ne. La scoperta del bosone di Higgs fu resa nota il 4 luglio 2012.

$$17.4e^{794.5(0.011096)}=\;117270.9(p.42).$$

Trasformazioni unitarie

La matrice $U = \begin{vmatrix} a & b \\ -b^+ & a^+ \end{vmatrix}$ in cui a e b sono numeri complessi è unitaria se $\begin{vmatrix} a & b \\ -b^+ & a^+ \end{vmatrix}\begin{vmatrix} a^+ & -b \\ b^+ & a \end{vmatrix} = I$ .Si deve avere $|a|^2 + |b|^2 = 1$.

Le azioni di U su x_1 e x_2,variabili reali, sono

$$x_1' = ax_1 + bx_2$$
$$x_2' = -b^*x_1 + a^*x_2$$

Le nuove variabili[14] $\quad \Lambda_{jm} = \dfrac{x_1'^{\,j+m}\, x_2'^{\,j-m}}{\sqrt{(j+m)!(j-m)!}}\quad$ con la sostituzione delle seguenti uguaglianze

$$x_1'^{\,j+m} = (ax_1 + bx_2)^{j+m} =$$
$$\sum_s \frac{(j+m)!}{s!(j+m-s)!}(ax_1)^{j+m-s}(bx_2)^s$$

$$x_2'^{\,j-m} = (-b^*x_1 + a^*x_2)^{j-m} =$$
$$\sum_{s'} \frac{(j-m)!}{s'!\,(j-m-s')!}(-b^*x_1)^{j-m-s'}(a^*x_2)^{s'}$$

divengono $\Lambda_{jm}' = [\sum_s \sum_{s'} \dfrac{\sqrt{(j+m)!(j-m)!}}{s!s'!(j+m-s)!(j-m-s')!}\ \cdot$

$\cdot (ax_1)^{j+m-s}(bx_2)^s(-b^*x_1)^{j-m-s'}(a^*x_2)^{s'}]$

e con m'=j-s-s'

$$\Lambda'_{jm} =$$

$$[\Sigma_s \Sigma_{m'}(-1)^{m'+s-m} \frac{\sqrt{(j+m)!(j-m)!}}{s!(j-s-m')!(j+m-s)!(m'+s-m)!} \cdot$$

$$\cdot \, a^{j+m-s}(a^*)^{j-m'-s} b^s (b^*)^{m'+s-m} (x_1)^{j+m'}(x_2)^{j-m'}]$$

$$=[\Sigma_{m'} \Sigma_s(-1)^{m'+s-m} \frac{\sqrt{(j+m)!(j-m)!(j+m')!(j-m')!}}{s!(j-s-m')!(j+m-s)!(m'+s-m)!} \cdot$$

$$\cdot \, a^{j+m-s}(a^*)^{j-m'-s} b^s (b^*)^{m'+s-m} \Lambda_{jm'}]$$

Se $a=\cos\dfrac{\beta}{2}$, $b=\sin\dfrac{\beta}{2}$

e si vuole avere $\Lambda'_{jm} = \Sigma_{m'} A^j_{m'm} \Lambda_{jm'}$

si ricava l'espressione di $A^j_{m'm}$

(p.145)che abbiamo usato per ricercare il bosone di

Higgs:$A^j_{m'm}=[\Sigma_s(-1)^s \dfrac{\sqrt{(j+m)!(j-m)!(j+m')!(j-m')!}}{s!(j-s-m')!(j+m-s)!(m'+s-m)!} \cdot$

$$\cdot \, (\cos\frac{\beta}{2})^{2(j-s)-(m'-m)} (-\sin\frac{\beta}{2})^{2s+m'-m}](-1)^{m'-m} \,.$$

Per trattare gli angoli di Eulero α,β,Υ,intervengono

$a=e^{-i\alpha/2}\cos\dfrac{\beta}{2}e^{-i\gamma/2}$

$b=e^{-i\alpha/2}\sin\dfrac{\beta}{2}e^{-i\gamma/2}$ (M. Rose-Elementary Theory

of Angular Momentum) .

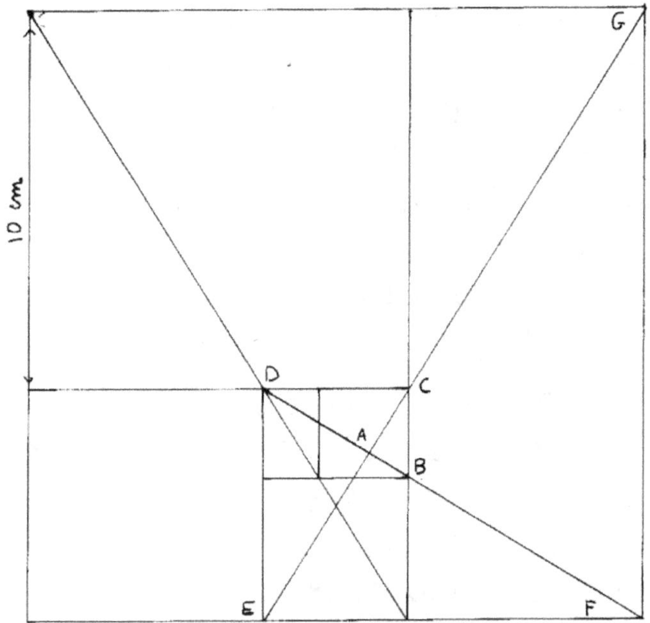

Fig3-I punti B,C,D,E,F,e G appartengono a una **spirale logaritmica**.Posto AB=ϱ_1,AC=ϱ_2,AD=ϱ_3,AE=ϱ_4,AF=ϱ_5, causa della similitudine tra triangoli,si ricava.

$$\frac{\varrho_1}{\varrho_2}=\frac{\varrho_2}{\varrho_3}=\frac{CD}{ED}=\frac{-1+\sqrt{5}}{2}=\tau=\frac{\varrho_3}{\varrho_4}=\frac{\varrho_4}{\varrho_5}=\frac{\varrho_5}{\varrho_6} \quad \text{con } CD^2=ED(ED-CD)$$

$\Delta x \quad : \quad \varrho_2-\varrho_1=\varrho_2-\tau\varrho_2=\varrho_2(1-\tau) \ ; \varrho_3-\varrho_2=\varrho_3(1-\tau) \Rightarrow$

$\varrho_4-\varrho_3=\varrho_4(1-\tau) \ ; \qquad \varrho_5-\varrho_4=\varrho_5(1-\tau)$

$\Delta y \quad : \qquad \varrho_3-\varrho_1=(1-\tau)(\varrho_3+\varrho_2)=\varrho_2(1-\tau)\left(\frac{1}{\tau}+1\right)$

$$\varrho_4-\varrho_2=(1-\tau)(\varrho_4+\varrho_3)=\varrho_3(1-\tau)(\tfrac{1}{\tau}+1)$$

$$\varrho_5-\varrho_3=(1-\tau)\big(\varrho_5+\varrho_{4)}\big)=\varrho_4\left(\frac{1}{\tau)}+1\right)$$

$$\frac{\Delta y}{\Delta x}=\frac{\varrho_3-\varrho_1}{\varrho_2-\varrho_1}=\frac{\varrho_2(1-\tau)(\frac{1}{\tau}+1)}{\varrho_2(1-\tau)}$$

Oltre ai diagrammi di Tullio Regge

Col prodotto delle tracce di due matrici mostriamo in unica sequenza tutti i dati derivati dalle traiettorie di Regge e mostrati da Chew Gell'Mann e Rosenfeld nel 1964(Scientific American February 1964). Altre cifre sono tratte dai libri di E. Segré.K.Huang e dal Sc$\underline{i}$ entific American sopra citato).

$$2 \cos18°(\cos\frac{360°}{28})=2(0.927211543=1.854423086=k$$

a)Tabella :927211543 +nk ,con n intero

n=6 p=938.33   n=115   1140.4   n=213 $\Xi^-_{1/2}$ 1322

n=7 N=940.19   n=129   1149.7 n=247   1385.2

n=30 982.843 n=121   1151.5   n=257   1403.79

n=31   983.697 n=130   1168.2   n=316$N_{3/2}$ 1513.2

          985.552 n=135   1177.5   n=320$\Lambda_{3/2}$ 1520

          987.406 n=137   1181.2   n=325$\Xi^-_{1/2}$ 1529.896

          989.260 n=141   1188.6   n=326   1531.75

          991.115 n=143$\Sigma^0$1192.3 n=336   1550.29

          993.969 n=146Σ^-1197.9   n=399$\Sigma_{3/2}$1667.1

          995.824 n=147   1199.8   n=402$\Omega^-_{1/2}$1672.6

n=38 997.678 n=157   1216.3   n=404 $\Omega^-_{3/2}$1676.3

n=39 999.533 n=167$\Delta^0_{3/2}$1236.8   n=410$N_{5/2}$ 1687.5

n=40 1001.38 n=168Δ^{++}1238. n=411   1689.3

n=50η1019.9 n=171   1244.3 n=**447**   1756.1

n=60   1038.4 n=183   1265.6 n=519   1889.6

n=70   1057.0 n=185   1270.2 n=519   1889.6

n=101$\Lambda^0$1114.5 n=193   1285.1 n=538 $\Delta_{\frac{7}{2}}$1924.9

n=**106**   1123.7 n=209$\Xi^0$1314.7 n=681 $N_{\frac{9}{2}}$ 2190.0

n=110   1131. n=**451**$\Sigma_{\frac{5}{2}}$ 1765.4 n=734 U 2288.3

n=**114**   1138.6 n=463   1785.8 n=771 $\Delta_{\frac{11}{2}}$2356.9

n=175 η 1251.7 n=479$\Lambda_{\frac{5}{2}}$1815.8 n=1041$\Delta_{\frac{15}{2}}$2857.6

n=182   1264.7 n=518   1887.8 n=1240$\Delta_{\frac{19}{2}}$3226.6

....

2cos18°cos(360°/28)=1.854423086=k

b)Tabella :927.211543 − nk

n=21 K 888.2 n=204 η 548.90 n=354   270.746

n=95 π 751.0 n=232 $K^0$496.985 n=425 $\pi^{\pm}$139.081

n=127 ϱ 691.7 n=234 $K^{\pm}$493.276 n=427 $\pi^0$135.37

Nota con matrici[16] del tipo

$$A=\begin{vmatrix} e^{\frac{i2\pi}{20}} & \lambda \\ 0 & e^{\frac{-i2\pi}{20}} \end{vmatrix} \quad e \quad B=\begin{vmatrix} e^{\frac{2\pi}{28}}+v & 1 \\ \mu & e^{\frac{-i2\pi}{28}}-v \end{vmatrix} , \text{se}$$

detB=1 e v$\neq$ 0 ,si ricava μ . Scegliendo C con traccia $Y+Y^{-1}$,e la condizione (traccia di BA)=$Y+Y^{-1}$,si ricava λ .C fornisce una periodicità(= simmetria)differente

rispetto ad A.**Esercizio**:La traccia di $\begin{vmatrix} e^{i(\frac{2\pi}{20}+\frac{2\pi}{28})} & f \\ 0 & e^{-i(\frac{2\pi}{20}+\frac{2\pi}{28})} \end{vmatrix}$

e quella di matrici analoghe selezionano livelli nella sequenza.

Bibliografia

1-S.Sternberg- Group Theory and Physics- Cambridge University Press-New York 1955,p.161.

2-E.Cremmer- Extended Supersymmetries In Component Formalism:nel libro a cura di P.West-Supersymmetry-A decade Of Development- Adam Hilger Editions - Bristol & Boston 1986.

3-Kerson Huang-Quarks,Leptons And Gauge Fields-2nd Edition-World – World Scientific Ed.- Singapore,New - Jersey,London,Hong Kong 1992,p.114.

4-H.Fritzsch- Quark- Edizioni Boringhieri-Torino 1983, p.257.

5-G.Bellettini-<Le Scienze>Quaderni-Aprile 2002, p.36

6-S.Sternberg-Group Theory And Physics-Cambridge University Press-New York 1955,p.6.

7-I.N.Herrstein - Algebra- Editori Riuniti - Roma 1955 , p.69 .

8-S.Sternberg-Group Theory And Physics-Cambridge University Press-New York 1955,p.73.

M.Hammermesh-Group theory And Its Application To Physical Problems-Dover Publications I.n.c.- New York 1963,p.465.

9-J.N.Bachall-Neutrino Astrophysics- Cambridge University Press-New York,Port Chester, Melbourne, Sydney 1990,p.256.

10-F.E.Close-An Introduction To Quarks And Partons-Academic Press-New York 1979,p.162.

11-J.N.Bachall-Neutrino Astrophysics-Cambridge University Press-New York,Port Chester,Melbourne-Sydney 1990,p.260.

12-Leonard I.Shiff-Quantum Mechanics-Thierd Edition-Mc Graw Hill Editions-New York 1986,p.207.

Kerson Huang - Quarks ,Leptons & Gauge Fields - 2nd Edition- World Scientific Ed.- Singapore, New Jersey, London,Hong Kong 1992,p.46-49.

13-E.Segré-Nuclei E Particelle- Edizioni Zanichelli-Bologna 1966,p.676.

14-M.Rose- Elementary Theory Of Angular Momentum-Dover Publications Inc.-New York 1955.

V.I.Smirnov-Corso Di Matematica Superiore-Volume Terzo-Parte Prima-Editori Riuniti-Roma 1982,p.237.

Nota:L'annuncio della scoperta del bosone di Higgs viene ricordata dal quotidiano <il MATTINO> di Napoli del 22 aprile 2018 .

Youcanprint
Finito di stampare nel mese di maggio 2019